掌控你的心理与情绪

化解创伤、抑郁、焦虑的心理急救指南

刘莉萍 著

中国法制出版社
CHINA LEGAL PUBLISHING HOUSE

图书在版编目(CIP)数据

掌控你的心理与情绪．化解创伤、抑郁、焦虑的心理急救指南／刘莉萍著．—北京：中国法制出版社，2021.10

ISBN 978-7-5216-2138-9

Ⅰ.①掌…　Ⅱ.①刘…　Ⅲ.①情绪—自我控制—通俗读物　Ⅳ.①B842.6-49

中国版本图书馆CIP数据核字(2021)第176764号

策划编辑：杨　智(yangzhibnulaw@126.com)

责任编辑：王　悦(wangyuefzs@163.com)　　封面设计：汪要军

掌控你的心理与情绪．化解创伤、抑郁、焦虑的心理急救指南

ZHANGKONG NI DE XINLI YU QINGXU. HUAJIE CHUANGSHANG、YIYU、JIAOLÜ DE XINLI JIJIU ZHINAN

著者／刘莉萍

经销／新华书店

印刷／三河市国英印务有限公司

开本／880毫米×1230毫米　32开　　印张／7.75　字数／159千

版次／2021年10月第1版　　2021年10月第1次印刷

中国法制出版社出版

书号ISBN 978-7-5216-2138-9　　定价：39.80元

北京市西城区西便门西里甲16号西便门办公区

邮政编码：100053　　传真：010-63141852

网址：http://www.zgfzs.com　　**编辑部电话：010-63141831**

市场营销部电话：010-63141612　　**印务部电话：010-63141606**

(如有印装质量问题，请与本社印务部联系。)

前言

活在每一次呼吸之中

几乎每个人都会说，要活在当下，可是能真正活在当下的人，似乎并不多，看看普遍弥漫的焦虑以及烦躁状态就可知道。

活在当下，其实是很不容易的。因为当代社会太追求目标导向，这种目标导向指向的是未来，也即未知。未知让人无法掌控，因此也容易让人焦虑。或者说，实现目标需要的时间可能会比较漫长，而在这漫长的时间里，我们的意识会无处固着或者直接固着在了目标上，于是出现了行动和意识的割裂，因而导致了焦虑。

或许会有人说，我看有些人有目标，但是人家就朝着目标奔去，也不焦虑，这是怎么回事呢？对，因为人家的意识和行动是一致的，没有出现割裂。

另外，有目标并没有错，我们并不是说不要目标。我们需要目标，因为目标为我们的前进指明方向，如果没有目标，我们可能就没有了方向，像无头苍蝇一样到处乱窜。

问题出在：我们太过固着于目标，即太把目标当回事，这造成了我们意识和行动的割裂。

那么，我们应如何调整呢？

我们将目标立在那里，但是有意识地将目标导向调整为过程导向，将意识放在过程当中，体验过程，心就跟意识一样活在了当下。只是一开始时需要心思敏锐地捕捉每一个当下的体验，让意识固着在每一个当下，随着每一个当下的流动而流动。这样有意识地控制一段时间，才能体会到其中的妙处。妙处带来放松，放松带来专注，专注带来心流，而心流可以让我们更放松，这样就建立起了一个良性的循环模式。这是人本主义心理学所创立的一个行为认知模式。

弗洛伊德说，追求快乐至上是人类的一种本能，当我们体会到活在当下带给我们的快乐时，自然就会追随这种本能。

不过我认为，这个行为认知模式不适合所有人，至少不适合抑郁症、焦虑症和强迫症等神经症患者，也不适合情绪太过紊乱的亚健康人群，它适合敏感、理性、觉察力和控制力都比较强的人，这类人可以是健康人群，也可以是亚健康但更接近于健康界限的人群。

因为抑郁症、焦虑症和强迫症等神经症患者以及情绪太过紊乱的人群，普遍缺乏强大的觉察力和控制力，因而无法很好地做到过程导向并进入良性循环。他们的当务之急，是先将自己的情绪疏通，让情绪自然流动起来，然后慢慢通过控制意识来控制情绪，当他们可以到达这个程度时，那么就可以尝试进行上述调整了。

和自己玩耍是一件很有意思的事情，当你把一切都玩得得心应手、游刃有余时，你就自由了、舒服了，抑郁和焦虑也将不复存在。

这是一本关于情绪自我疗愈的书，当你的情绪出现问题时，你可以通过本书介绍的方法及时自救。本书分别从创伤自疗、抑郁自疗、焦虑自疗、强迫自疗、上瘾行为、绘画分析、梦的解析以及自我意象八个角度进行阐释。除此之外，还有特别附赠的资源，内容丰富，实用性很强。通过本书的“心理训练”板块，每一个人都可以找到自身负面情绪的根源，并通过自我疗愈的方式缓解。

让我们活在当下，活在每一次呼吸之中，站在世界的中心呼唤爱，拥抱美好的人生。

目录

第一章

创伤自疗

——觉察、接纳、分析、改变

自我觉察：什么让你不舒服？

在生活当中，经常会听到来访者和身边的朋友说："不要和我说情绪情感，我觉得讲这些没有用，理性分析和思考才会让人进步。"

说这些话的人，并非本身没有情绪情感，而是将情绪情感封闭起来，拒绝去打开和体验自己的情绪情感，因为担心自己被情绪情感所控制。这类人，往往表现出很理性的样子，经常说的话就是"我这是就事论事""我这是脱离情绪情感说话"。

这是典型的**自我防御**。

习惯性自我防御的人，不是因为从来没有体验过情绪情感，而是因为曾经被情绪情感所伤，被伤害的痛苦让他们启动了自我防御机制，防止自己再次被伤害。因为封闭自己的感受，导致他们产生一系列的情绪压抑问题，当压抑到一定程度时就会发生一次小宇宙大爆发，让身边的人感到莫名其妙、瞠目结舌，心想："这个人怎么好像变了一个人一样呢？"

这种自我防御既对内伤害自己，也对外伤害周围的人。

阿华是个温和内敛，礼貌周到，脾气很好的老好人，亲戚朋友以及邻居都觉得阿华是个好男人，但是阿华的妻子和孩子却不喜欢他。每次妻子发脾气要和阿华吵架时，他总是保持沉默，要么置若罔闻，要么一走了之，这让妻子感觉很受伤，从而又加剧了她的愤怒情绪，导致他们的矛盾进一步恶化。最后，当阿华的妻子闹到反锁房门要自杀时，阿华勃然大怒，跑到厨房拿了一把刀将房门劈开，这个举动吓坏了妻子和孩子，导致他们的夫妻关系以及亲子关系进一步疏远。

阿华这类人认为理性可以解决一切问题，于是习惯性地理性对待任何问题。当你对他说“我很难受”时，他会一脸漠然地回答：“你怎么又有情绪了呢？你不可以超越情绪说话吗？”他们不承认你的情绪，其实是在表明他们不承认自己的情绪，他们不懂得如何面对你的情绪，也不懂得如何面对自己的情绪。很多人会被这类人所伤害，特别是与他们关系亲密的人，因为在亲密关系中，人们总是会寻求对方的认可，特别是情感上的认可，但是如果在这类人身上，人们得不到认可，就会激发出一系列的愤怒情绪：“你不理解我。”“我为什么不可以难受呢？”……于是争吵就开始了。

理性是个好东西，但是好东西并不能解决一切问题。

哲学大师安萨里从古希腊的彻底理性精神出发，发现**理性也有它的局限性，理性在一定领域当中可以做权威、做主导，比如研究对象是物的自然科学；但是在很多领域是不能做主导和权威**

的，比如研究对象是人的人文科学。

心理学是人文科学的一类，所有和人打交道的领域都不能单纯依靠理性来解决问题。因为人除了理性，还有感性，感性问题需要用感性来解决。

很多人都会觉得有心理问题的人是因为不够理性，懂的道理不多，所以才憋出了问题，于是习惯性地对他们讲道理。但其实**有心理问题的人，往往是懂的道理太多，感性被理性所压抑，做不到又要求自己做到，所以才产生了抑郁焦虑的情绪。**

感性很重要，只有将自己的感性充分打开，才能从中提炼出理性的结晶。

而打开感性之门，关注情绪情感又很重要，关注情绪情感的第一步就是要自我觉察。

分析心理学之父荣格说："你的潜意识会指示你的人生，而你称其为命运，除非你能意识到你的潜意识。"

这里所说的"意识到你的潜意识"其实就是自我觉察，而自我觉察是自我成长的第一步。

如何自我觉察？

让我们从一个问题开始。

当你愤怒/郁闷/恐惧/内疚/焦虑/烦躁/抑郁时，你会怎么办？

很多人会选择干点别的什么事情来转移注意力，如看电影，刷微信或微博，和朋友一起去嗨，等等。通过转移注意力，有些时候似乎的确可以在短时间内驱逐不快情绪，可是没过多久，那种不快情绪又会找上门来。

“不快”就像一个你讨厌的朋友，你为了不见他而找借口避开他，可是他就在你家门口等着，无论你在外面玩得多嗨，最后总是要回家，也总是要面对他。

当你开始面对他时，就踏出了自我觉察的第一步。

有人问我，觉察好难，要静坐冥想才能觉察吗？怎样提高自己的觉察力？

对于内倾的人来说，这个问题可能不会太难，但对于外倾的人来说，这个问题可能有点难。因为内倾的人已经习惯内省，而外倾的人则不会。

自我觉察首先要求人慢下来，静下来，但是这并不意味着自我觉察需要静坐冥想，需要特定的时间和地点，相反，自我觉察随时随地都可以做。自我觉察有一部分是从行为内省到心理内省的一个过程，也有一部分在行为上面没有体现，但是在内心得以体现。

比如，当你坐立不安、抓耳挠腮时，你可以问问自己：“你怎么了？”当你开始问这句话时，就说明你已经开始觉察了，接下来，你自己回答道：“嗯，我焦虑了。”再接下来，好好地和焦虑相处一会儿，感受一下焦虑给身体带来的感觉。在这个阶段，有些人的焦虑可能会消失，至少会减轻。这就是觉察的过程。

刚刚说的是从行为到内心的一个觉察过程，还有一些，可能还没来得及在行为上体现，只是在内心里煎熬。

比如，看到同事完成一单单业绩，你感到很焦虑，这时候启动自我觉察：是的，我烦躁了，烦躁让我呼吸急促，思维混乱，喉咙有被卡住的感觉。好好地体验一下这种烦躁的感觉，特别是扼喉感。慢慢地，你的情绪就会松弛下来，当情绪松弛下来时问问自己：“你为什么烦躁？”你就会得到一个令你哑然失笑的原因：“因为我觉得自己不如他们，很失败。”“因为我在妒忌他们。”“因为……”当你追查到这个原因时，烦躁的情绪通常就会缓解。

有人说，愤怒时我还来不及觉察就直接发飙了，怎么办？那你的觉察就从发完飙后的懊悔开始吧。

出于本能，很多人会避开负面情绪而乐于接受正面情绪。如果你刚开始时觉得负面情绪的自我觉察很难，也可以从正面情绪的自我觉察入手。当你感到高兴、开心、愉快、幸福时，静静地和这些情绪待一会儿，让情绪由外及内地弥漫全身，填满内心，到最后，通常会有一种平和的愉悦感，这种愉悦感其实才是真正的正能量。

因为很多情绪被分析之后都会变淡或者消失，所以，若非出于治疗的需要，最好不要刻意去分析愉悦情绪。否则，你会觉得生活没什么可乐的。

如果以上所有的自我觉察你都做不到，那你可能就要专门抽出时间来训练了。你可以每天抽出一定的时间静坐冥想，也可以选择一朵花、一棵树或者随便什么一个固定的东西（最好是有生命力的）盯着看，从仔细观察物体的细微变化开始，慢慢进入观察自己内心的情绪变化。

【心理训练】——自我觉察

下面是导致不良情绪的若干场景，当类似情景发生时，就是自我觉察的最好训练时机。

1. 当你批评、指责、诋毁别人时

首先有意识地体会批评、指责、诋毁别人的感觉，如果当时没有意识到，那就从结束批评、指责、诋毁之后开始体会。那是一种什么感觉？将你的感受写下来：

____

____

____

2. 当别人批评、指责、诋毁你时

深呼吸，有意识地告诉自己不要反驳，仔细体会被批评、指责、诋毁时，你的感受是怎样的。将你的感受写下来：

____

在觉察过程中放下评判和自责，不去评论好坏对错，只是体会和观察，让情绪自然地涌现和流动。因为一旦你开始评判或者自责，情绪就会立刻缩回去，换个说法就是会被压抑，这时觉察就会消失。

刚开始或许你会比较迟钝，后知后觉，这很正常，因为你的觉察模式还没开始建立起来，但是，慢慢地，你的觉察会变得越来越敏锐，从发生行为之后提前到行为发生的过程之中，再提前到发生行为之前。当你的觉察模式建立并形成良性循环且稳固下来之后，很多时候，你会非常清楚地知道自己在干什么，如果你想，你还可以在行为发生之前就意识到可能会发生的行为，从而及时做出控制和调整。

自我沟通：写下所有让你不舒服的事件

小贝最近和一个男生组队打球，那个男生让小贝特别不舒服，小贝觉察了一下，感觉那个男生的性格相对比较刚硬、强势、急躁，体现在打球上面就是对待输球情绪比较大。

男生的性格带给小贝一种压迫感和紧张感，而这种压迫感和紧张感让小贝回想起了自己的父亲。为了更好地梳理这种情绪，小贝开始通过写作的方式进行记录和分析：

“仔细体会，那个男生那种冷硬风格会让我想起父亲，第一反应会有点不舒服。打球时，当他在后场被左右来回吊着跑的时候，我潜意识中有一种心安理得的感觉，看着他被虐我觉得心里很爽。

“记得那句潜台词是：‘你不是觉得自己厉害吗？那我就让你展现展现！’在潜意识里，我想看到他被打败，我想看到他认输，这会带给我爽快感。因为我从未见过我爸低头认错，哪怕是他真的做错了。记得小时候曾经被他冤枉偷钱，无论我怎么为自己澄清辩解他都不相信，一口咬定就是我偷的，当时气得我大哭，后来那股怨气还郁结了许久，成年之后也曾经因为这件事情跟他吵过一架，结果人家根本就忘记了，也不愿意道歉认错。后来，随着我慢慢成长，我不再固着于他，那股怨气才慢慢得以消解。

“我不再期望我爸跟我道歉，或者说，即便现在我爸跟我道歉，展现他的柔软面，我可能也没有以前那么需要了。当然，能道歉能柔软还是好的。但是，潜意识里我对他隐隐还是有点怨气，我希望找个机会出这口怨气。可是在现实生活中，我们的接触不多，仅限于表面的交流，很少有矛盾冲突。可能是老天比较照顾我，让我这个潜意识中的愿望，在那个男生身上得到了满足。所以我的‘不舒服’是因为对方触碰到了我的某个情结或者创伤，让我本能地来了应激反应，通过惩罚他来惩罚我爸。”

自我分析到这里，小贝释怀了。

当我们开始觉察，情绪开始涌现和流动，这仅仅只是开始，接下来，流动的情绪会勾起我们的许多回忆，很多时候，通常是不大愉快甚至痛苦的回忆。这时，出于追求快乐的本能，人们可能会习惯性地逃避。如果实在太痛苦，你也可以先选择逃避，等准备好之后再去面对。

当你决定面对，身边又缺乏可以倾诉的对象或者缺乏倾诉的良好时机时，可以通过码字的方式进行倾诉。文字是一种极好的宣泄和梳理情绪的方式，很多时候，将情绪诉诸笔端之后我们会有一种爽快感、痛快感，这就是情绪的宣泄。有时候，在爽快感和痛快感之后，还会出现一种清晰感，这就是情绪的梳理。

此外，文字是一个载体，也是一个客体，过去塑造了我们，是我们的一部分，当我们将过去以文字的形式记录下来，我们就作为客体呈现给了自己。当我们再次阅读那些回忆时，看到的是一个作为客体的自己。即阅读的是现在的“我”，文字上的回忆是过去的“我”。码字，是现在的“我”呈现过去的“我”；阅读，是现在的“我”审视过去的“我”。乍一看这是一种单向的理性的沟通，但实际上无论是呈现还是审视，只要你愿意，都可以赋予情感，还可以进行双向的互动。

比如，当我们回忆时，可能会为过去的自己遭受的委屈和痛苦感到愤怒和同情，这个时候，我们就给呈现和审视赋予了情感；再如，你可以跟随着回忆回到过去，从过去的视角来审视现在的自己，过去的自己会怎么看待现在的自己？过去的自己对现在的自己是什么感觉？这个时候，单向就变成了双向，互动由此产生，自我的沟通也随即而来。

当自我的沟通开启，那么自我共情、自我接纳、自我关怀、自我疗愈也就自然而然地到来。

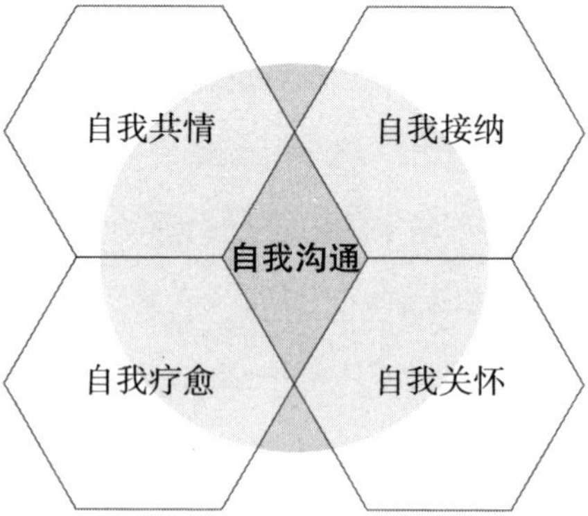

【心理训练】——情绪书写

1.将你觉察到的情绪关键词写下来，如“愤怒”“羞耻”“愧疚”等。

____

____

2.根据情绪关键词进行自由联想，如“愤怒”让你想到什么并写下来。

____

____

____

3.刚开始你可能想到的是一个意象，如一团熊熊的火焰，或者一头暴怒的狮子，等等。没关系，再继续，它们是一座桥梁，会引领你进入更深入的回忆里。

4.继续有意识地让自己沉浸在情绪里面，仔细体会，过去的回忆会慢慢苏醒过来，你可能会想起7岁那年父亲冤枉你时，你的愤怒；老师辱骂你时，你的愤怒；父母吵架时，你感受到的他们的愤怒……把所有的愤怒事件通通写下来。

____

____

____

____

5.写的过程中你可能会情绪激动，热泪盈眶，或者一边哭一边笑，没关系，接纳自己的情绪状态。

6.把所有能想起的事件都写完之后，再深呼吸一次，体会一下自己当下的感受，你可能会觉得很爽，也可能会觉得很难受，无论什么感受，都没有关系，和自己待一会儿，陪伴一下自己。

7.等当下的情绪平稳下来，开始阅读自己所写的回忆，你可能会慢慢意识到，目前的受伤情绪，其实从过去就已经种下了种子，现在只是重新被激发。

8.好好去理解、共情和关爱过去的自己，可以的话，在想象当中和过去的自己说说话，陪伴和拥抱一下那个受伤的自己。你想跟过去的自己说些什么呢？

____

____

____

9.回到当下，你可能已经得到部分缓解和疗愈。

10.下次继续重复这个模式，一点一点地疗愈自己。

宣泄和倾诉：寻找一个可以理解和共情的人

人们都知道倾诉可以缓解情绪问题，咨询师也建议无意做心理咨询或者无法做到上述自我沟通的人可以去找朋友倾诉。

但有人说自己找朋友倾诉了，但是没有用，有些时候反而被朋友堵得更难受。这个问题并不少见，也有些人坦白地对我说，他们就是无法理解朋友为什么会那样。

倾诉这个方向是没问题的，但是找对人很重要。不是任何人都具有倾听能力和理解能力的，所以我们要好好筛选倾听者，而这个筛选的过程通常又会伴随着伤害，因为有些时候我们不知道对方是否适合，所以只能不断去尝试。

在寻找的过程中，动用你的感觉和理性，去寻找那些不轻易评判，也不会企图用道理说服你，具备一定倾听和理解能力的朋友。如果实在找不到，那就只能花钱找心理咨询师了，一般心理咨询师都具备比较好的倾听和理解能力，这是他们的职业素养带给他们的。另外，具有倾听和理解能力的朋友也不是时时刻刻都有心情听你倾诉，对此也需要事先做好准备。

所以，遇到情绪问题，可以先尝试着自我消化一下，如果实在无法消化，再去找朋友。如果一遇到点儿问题就立刻找朋友倾诉，久而久之，朋友肯定会对你敬而远之。要知道，没有人会愿意一直承担一个“情绪垃圾桶”的角色。

当你状态好时，也请关心一下平时听你吐槽的朋友，你情绪不好时无法承受别人的负面情绪，这可以理解，但当你情绪好时对朋友表示一下关心总是可以的。朋友是需要相互支持的，不要只想着自己有需要的时候才找别人，自己不需要的时候就把别人丢在一边，这样自私的人总有一天也会被人抛弃的。

知乎上曾有人通过私信发了一大段话给我，一开始就说明只是把我当“树洞”，不要求我回复。我既没有看，也没有回复。我看不出这样的倾诉有什么意义，如果你真的不要求回应，为什么不去找一个真的树洞去倾诉？既然找了人做树洞，潜意识里还是有所期待，渴望被看见、被关注和被回应的吧？

好好面对自己的需求，好好找个对的人倾诉，这是爱自己，对自己负责的表现。

曾有一位患者被诊断为乳腺癌，我们暂且称其为X女士。当她刚刚得知这一消息时，犹如晴天霹雳，她最担心的并不是自己的身体，而是担心年迈的母亲很可能接受不了自己唯一的女儿身患肿瘤的事实。

X女士离异，没有子女，生活中也没有可以诉说心事的知己，跟她相依为命的只有母亲。她非常渴望倾诉，但是又担心母亲无法承受，所以对于是否以及如何把患病的真实情况告诉母亲，一直没有找到好的办法。

随着时间的流逝，X女士备受身体与精神方面的折磨，最后选择了接受心理咨询。在沟通过程中，她将自己的苦恼一股脑地全部倾泻出来，而她此刻最大的心愿就是依偎在母亲的怀中大哭一场。

当她终于将所有情绪倾诉出来之后，我还没有给出进一步的治疗建议，她就已经感到了一种前所未有的轻松感，自言自语道："我现在感觉好多了，心里舒服了。"

X女士的这种一经倾诉就立刻得到缓解的情况，在心理咨询的前期非常常见。心理咨询的前期通常就是来访者倾诉，咨询师进行有效的倾听，如果人们足够幸运，可以找到愿意并且能够很好地倾听自己的人，那么即便不做心理咨询，也可以得到很好的疏解。虽然无法从根本上解决问题，但是至少不让问题继续升级和恶化。

【心理训练】——宣泄与倾诉

宣泄和倾诉乍一听不需要训练，应该每个人都会，但在实际工作和生活中，还真有人不会，男性尤其如此。因为在人类的集体潜意识里，认为只有脆弱的人才需要倾诉，男性是强大的，所以不需要也不能倾诉，一旦倾诉，就会变得脆弱。

男性普遍不愿意承认自己的脆弱，所以会非常抗拒倾诉。另外，倾诉也意味着隐私的披露，也会带给人不安全感，因为人们会担心有人利用隐私进行攻击报复。无论是集体潜意识，还是个人潜意识，都会束缚男性进行倾诉，所以在倾诉训练中，更多地针对的是男性。

1.放下自我防御，承认自己是脆弱的，至少在当下是脆弱的，是需要帮助和支持的。将自己内心的真实需求、想法写下来：

____

____

____

____

2.寻找值得信赖的朋友，无论是现实生活中的朋友还是网友。你打算找谁倾诉呢？

____

3.由浅入深，循序渐进，这是一个不断地试探对方能理解和支持你的过程，如果在深入的过程中出现让你感觉不舒服或者难受的情况，可以停下来，进行自我觉察，也可以换个倾诉对象。

4.在倾诉的过程中先描述事件，然后再表达情绪，这样有利于别人了解你情绪的来源，从而更好地理解你。试着进行练习。

描述事件：__________________________

____

____

倾诉情绪：__________________________

____

____

5.假如朋友对你进行评判或者试图用道理说服你，拒绝他们的评判和道理，告诉他们你的需求——只是希望可以得到理解和支持。

6.等你的情绪缓解或者消失了，可以倾听朋友的分析，如果他们能够也愿意给予分析。有意义的分析是一种强大的精神支持。回忆最近一次朋友的分析，尝试着写出来：

____

____

____

____

7.感谢朋友的倾听，将你的感恩表达出来。

自我接纳：我就是这样的人

在目前所接的所有个案当中，我发现，几乎所有的心理问题最根本的原因，都是因为缺爱。

我们都知道缺什么补什么这个道理，但奇怪的是，当我们知道自己缺爱时，却不知道怎么办？

按照缺什么补什么的道理，缺爱，当然是要补爱。那么，如何补爱呢？从别人身上得到爱是一种方式。可是，不是每个人都能且愿意无条件地给予我们爱，也不是每个人都有足够的爱去给予别人。毕竟，生活中的各种事情和压力会消耗我们很多的能量，出于保存自我的本能，人们肯定都会将爱的能量先给自己，况且，别人也许和你一样，也是非常缺爱的，也是需要从别人身上获取的。

如果是这样的话，我们该怎么办？俗话说："自己动手，丰衣足食。"所以，我们还是需要自己爱自己。

那么，怎么爱自己呢？

说到这个问题，可能很多人会说，爱自己，就是对自己好，给自己吃好的，穿好的，玩好的，从物质和感官层面去满足自己。

这种观点没有问题，然而很多人吃得很好，穿得很好，也玩得很好，但还是过得不好。就像很多父母给孩子吃最好的，穿最好的，受最好的教育，找最好的工作，对孩子有求必应，可是孩子还是过得很不好，甚至还和父母反目成仇，为什么？

我想这是因为很多人所谓的“好”，其实还是停留在物质和感官层面，并没有从情感层面真的去爱自己。

这个时候，物质层面越充实，提示情感越空虚，**因为无法给予情感，所以才要通过物质来填充。**

心理学上常说要接纳自己，几乎每个稍微懂点心理学的人都知道这一点，可是实际操作起来，却不知道该怎么做。

接纳自己是爱自己的第一步。那么，我们应如何接纳自己呢？

有一部分人觉得自己很烂、很差、很糟糕；有一部分人觉得自己虽然还可以，但还是没有别人好，没有别人优秀。总之，跟别人相比，自己就是不好的，但是他们又不接受自己不够好的一面，总是想方设法要求自己，不要这样，不要那样。

比如，明明受伤了，却要求自己不要那么矫情，脆弱，要坚强；明明很愤怒，却要求自己不要生气，要平静，要云淡风轻；明明纠结了，却要求自己不要纠结，要果决，要快刀斩乱麻；明明很痛苦，却要求自己不要痛苦，要开心，要幸福……

你有那么多的情绪问题，却不愿意去面对这些情绪，不愿意面对自己的需求，一味地压抑自己的需求，放弃自己的需求，这样的自己，怎么能过得好呢？

如果你受伤了，请告诉自己，我就是受伤了，我可以难过，我可以脆弱，我可以不要坚强；如果你很愤怒，请告诉自己，我可以生气，我可以不要平静，我可以不要云淡风轻；如果你很纠结，请告诉自己，我可以纠结，我可以不要果决，我可以不快刀斩乱麻；如果你很痛苦，请告诉自己，我可以痛苦，我可以不要开心，我可以不要幸福……

所有的负面情绪都是可以存在的，都是被允许的，任何人都会有负面情绪，我也不例外，我就是个普通人，我不是超人，也不是钢铁侠。

如果你一直觉得自己就是没有别人优秀，那么，承认吧，你的确在某些方面是不优秀的，而且可能一辈子也不会比别人优秀。

H最近经常饱受负面情绪的困扰，他想了很多方法都没有解决，直到最近情况越来越严重，所以前来咨询。在交流中得知，他最大的困扰就源自攀比，不是物质层面的，就是想比别人更强。

H是没有读过高中，他中考的分数只能考上职高。后来，他没有像其他大多数职高同学一样选择就业，而是选择继续考大学。本以为是超越同学们的一步高招，没想到他只是在学历上超过了同学。

原来，他的职高同学赶上了最后一波“大波轰”的机会，都去了银行当柜员。在H眼里这是不能接受的工作，所以他选择了继续深造。没想到进入社会，摸爬滚打了很多年，换过很多份工作，现在自己创业的他，依旧无法真正超越自己的同学。

在当下这个大环境中，如果谁说不被名利困扰，那真的是很难。H的那些在银行工作的同学，年薪都不算低，还有各种福利。H非常努力地工作，一心想要超越他们。从打工到创业，H也的确做到了，但是他从事的行业价值不高。他自己开了一家工作室，年收入几十万元，虽然超过了多数同学，但是跟很要好的几个同学一比，他还是不开心。他得知这几个同学都当上了客户经理，有几个营销做得厉害的同学，年薪不比大公司的高管低，这让H彻底崩溃了，因为在他这个行业，即便做到顶尖，可能也无法超越他们。

为了实现自己的目标，H还在努力，甚至试图换行重新开始，却发现确实太难了，似乎完全看不到机会……

通过前面一两次的咨询，H慢慢接纳了自己目前的确无法超越同学的这个事实，他开始沉下心来，专注于当前的事业，焦虑得到很好的缓解和控制。

当你允许负面情绪的存在，允许自己不够优秀，你才可能真正地平静下来并开始思考，这个时候，你才开始真正接纳自己。

当你接纳了自己，你也许就会开始懂得爱惜自己：可怜的自己，为什么要去跟别人比呢，为什么要让自己那么难过和痛苦呢，为什么要自己折磨自己呢?

爱自己不是不让自己有负面情绪，而是当自己处于负面情绪中时，不要让负面情绪来折磨自己，或者，尽量减少被折磨

的时间。

这个比让自己一直保持正能量状态更真实，更让自己充实和愉悦。当你懂得了爱自己，也就懂得了爱他人。爱的流动，通常从接纳开始。

Tips：写下你的坏情绪，然后丢掉它们。

情绪不好？压力太大？

把这些消极因素写在纸上，然后狠狠地撕碎它们吧！

但是，这真的有用吗？

美国俄亥俄州立大学心理学家理查德·佩蒂（Richard Petty）表示：当人们把心里面的烦恼、压力写在纸上，再将纸张丢进垃圾桶里以后，确实能够舒缓负面情绪。

为此，佩蒂与西班牙马德里自治大学进行了一项联合研究，以西班牙的学生为主要研究对象，分别进行了三项实验。其中一项实验的大致内容是将受试学生分为两组，让他们在纸条上写下对自己身材的评价，正负面皆可。第一组学生在评价之后保留了纸条，并检查文法是否错误；第二组学生则在评价之后将纸条扔掉。之后，研究者让学生填写了一份对身材满意度的自评量表。实验结果表明，把纸条扔掉的受试学生，无论在纸条上写的是正面评价还是负面评价，在填写量表时所受的影响都是最小的。

因此，如果你目前正在饱受负面情绪的困扰，请试着写下来，然后撕碎纸张，将烦恼彻底抛掉吧。

【心理训练】——自我接纳

1.当你觉察到自己的任何情绪，特别是你认为的“负面情绪”时，不要急着赶走它，深呼吸，有意识地对自己说：“我知道你有情绪了。”你可以用嘴巴说出来，也可以只是在心里说。当然，你还可以将负面情绪写出来，然后扔掉它们！

____

2.和自己的情绪待一会儿，这个刚开始可能会比较难，因为有些情绪的确会让人难以忍受，如果实在难以忍受，那就先逃避吧，并且要接纳自己的逃避。你能想到哪些不错的逃避方式并写下来：

____

____

____

3.当你对情绪的态度处于可以忍受但是又难以忍受的边缘时，可以深呼吸，然后闭上眼睛，将注意力集中在情绪上，看看情绪会让你身体的哪个部位不舒服。

____

4.将注意力集中在情绪所在的身体部位，然后去体会它，并写下你的感受：

____

5.也可以将情绪想象成一个意象，然后对这个意象进行体会。比如，很多人情绪比较重时通常会将情绪想象成一团乌云，这个时候，可以在脑海里仔细观察那团乌云，如果愿意，你可以一步一步地靠近它，最后深入其中。走到哪一步看个人意愿，不必强迫自己。你的情绪意向是：

____

6.仔细体会，直到情绪缓解或者消失。

自我分析：哪些是我的问题？哪些是别人的问题？

我以前去上过一个国学班，上课的内容是《黄帝内经》，讲到“巫觋”这两个字的时候，老师总是强调一句话：“女性是最高智慧的代表，是可以孕育和包容一切的，而男性，是个永远都长不大的孩子，只有一根筋（指的是男性生殖器）。”

听课的大部分都是女性，每次老师讲这句话，大家都会笑，而我初听来，也觉得很受用：身为女性，被捧到如此高大和神圣的位置，那种优越感是显而易见的。但后来听着听着就觉得不对劲，这是不是以另外一种方式来束缚女性呢？把女性放在圣母的位置，无形当中就会对女性有很高的要求，要求女性必须是无限包容的，而男性，因为是永远都长不大的孩子，所以是可以很任性地胡来的，女性则要包容他们的肆意妄为。

然后我就问老师，怎么看待婚姻中男性出轨的问题？老师问我为什么提这个问题。我说因为我接触到很多这样的个案。老师说，我也是做咨询的，我身边就没有这样的个案呀，我身边的人状态都很好。我被噎住了。这句话的意思是，你接触这样的个案，是因为你本身的气场就吸引这样的个案；你吸引阴暗的人，是因为你本身就阴暗；而我是个修养很好的人，所以我吸引的都是“好”人。

我哭笑不得，也很好奇：假如你吸引的都是“好”人，那你还做什么咨询呢？各个状态都没问题的人，谁还会来咨询心理医生呢？

这个问题最后不了了之，但我一直如鲠在喉。

我后来还提了一个老师回答不了的问题，他觉得我在钻牛角尖，很生气，我也很不服气，于是再也没去上课。虽然他曾经在私底下说很看重我，也跟我倾诉自己的顾虑（现在回想，这其实不也说明他存在一些“不好”的状态？），他的助手也有要大力“发展”和“栽培”我的热情和倾向，但是我对于他们那种只片面地追求“好”的肤浅浮躁的状态不满意，也不喜欢，所以最后跟他们断绝了联系。

张德芬在《遇见未知的自己》里面说到，很多人打着灵修的旗号，不去直面阴暗面，只看光明面，越修自我感觉越好，真以为自己到达了很高的境界，这种人往往是最危险的。

我不是说那个老师是其中一分子，而是他说那句话的自得心理，其实也暴露了他人性的阴暗面：他需要通过压制别人来显示自己的优越感，同时把自己塑造成一个神，不允许别人质疑，只允许别人仰视，最后为他所控制。因为他表面上把女性放在一个很崇高的位置，看上去很尊重和爱护女性，吸引了一批女学生，而这批学生都是在现实生活中过得不好的，无价值感或者价值感很低的，一遇到这样的老师，感觉找到了自己的价值感，自然很容易就归附顺从。

在这一点上，理性就体现出了它的强大力量。

因为普遍来说，女性身上的理性成分比男性要少，感性成分比男性多，所以女性更容易为情感所操纵，特别是情感缺失严重的女性，身为操纵者，只要抓住这一点，就很容易控制这类女性。

换句话说，深谙人性弱点的人，如果他们想控制别人为自己所用，那是手到擒来的事情。这类人，要是干坏事，危害性会特别大。

所以回到最初的问题，为什么要自我分析？为什么要直视自己的阴暗面？

当你进行自我分析，直视自己的阴暗面，也就是了解了自己的缺失和不足时，才会引起足够的重视，才会警惕被别人牵着鼻子走，为别人所利用；另外，直视自己的阴暗面，也会对自己潜意识中想要做出的伤害行为有所了解，了解之后才能对伤害行为有所防范，防止自己伤害别人或者伤害自己。

注意，这里说的利用和控制是自己没有意识到的，是恶性的。

精神分析是以重视人性的阴暗面著称的，人本主义心理学的创始人就很反感精神分析的这一点，认为精神分析过于强调人性的阴暗。但是人本主义心理学创始人之一的亚伯拉罕·马斯洛，晚年也曾经接受过精神分析。虽然精神分析最终并没有让他和母亲达成和解，但是他认为精神分析很有用，还介绍自己的女儿也去做。

我认为，人应该既看到自己的阴暗面，也看到自己的光明面，这两面结合起来才是一个完整的自己，所以我喜欢精神分析，也喜欢人本主义。

鲁迅同志说，真的勇士，敢于直面惨淡的人生。

一听到“惨淡”，你是不是心凉了？这就和许多人一听自我分析就开始哆嗦和抗拒一样，因为人们的潜意识认为，自我分析就是自我反省，而自我反省就是挑自己的错误和毛病，这在潜意识里给人一种“我做错了”“我不够好”的否定感，特别让人不爽，所以一般人都不喜欢自我分析，因此也缺乏真正的自我成长。

然而，自我分析是中性的，不是贬义的。

自我分析并不是认为“你错了”或者“你不够好”，而是让你知道，哪些问题是自己的，哪些问题是别人的，把别人的问题丢掉，把自己的问题承担起来，从而走出目前的困境，让自己变得更好。

不过自我分析的确可能会让人不舒服，甚至让人痛苦，因为当你进行深入的自我分析时，你会发现，原来自己并没有那么善良，也没有那么美好，自己也会有邪恶的时候，也会有丑陋的时候。这时，自我分析就要和自我接纳结合起来。

安妮是一位财务人员，在单位一向表现得非常友善，待人谦逊有礼，深受大家的喜爱。然而，最近由于工作压力增大，她发现自己内心深处的攻击性越来越强，即便她努力控制情绪，但很多时候还是会爆发，这让同事们都感到十分惊讶。

最初，安妮将这些归咎于外部因素的影响，但是夜深人静的时候，当她静下心来思考，却发现攻击性可能就是她性格中的一部分。

“阴影自我”的概念，是由心理学家卡尔·荣格提出的。人们会不自觉地隐藏自己的阴暗面，与我们的人格面具（我们想要向他人展示的一面）刚好相对。同时，阴影自我是与我们的求生本能密切相关的，当我们的安全受到威胁时，它就会出现。

每个人可能都会有阴影自我，所以我们要学会接受，而不是被它影响。精神分析心理学家安·凯斯门特（Ann Casement）博士表示：**“要接受自己的阴暗面，就要首先承认自己是不完美的。这可能是一种很大的打击，它意味着要接受自己不受人喜欢、不适合社交的一面。”**

只有进行更好的自我分析与自我接纳，才能不被时不时跳出来的负面情绪所影响。正如安妮认识到自己的问题之后，当她感到自己情绪异常时，就会选择去打网球，通过运动释放自己的负面情绪，之后火气就会小了很多。

【心理训练】——自我分析

1.将事件以及自己的情绪变化以叙述的方式写下来，越详细越好。

____

____

2.从情绪开始分析。比如，你很生气，那么就从生气开始，问自己："我为什么生气？"

如果你目前正在被负面情绪影响，试着提出你的问题：

____

____

3.将生气的原因写下来，比如"因为对方不听我说话"，然后继续提问："为什么对方不听我说话会让我那么生气？"

如果你目前正在被负面情绪影响，试着提出你的问题：

____

____

4.将原因写下来，比如，"因为我感觉自己被忽视或者轻视，感觉自己不重要。"

____

5.继续提问，比如，"为什么我需要被重视？"

你的问题：______________________________

6.回答，比如，"因为被重视意味着被关注、被爱，否则就是不被关注、不被爱。"

你的回答：______________________________

7.接着提问，为什么我需要被关注被爱？

你的问题：______________________________

8.回答，比如，"因为我缺乏关注和爱。"从这时开始追溯原生家庭和成长经历："小时候……"

你的回答：______________________________

9. 当你追溯到问题的根源，会发现，让你大动情绪的，是以前未疗愈的创伤，并非目前特定的某个人或者某个事件，它们只不过是不小心触动了你的机关。

10. 当你明白自己的缺失，就可以明确地向别人表达自己的需求，疗愈就正式开始。假如别人无法满足你的需求，那你就自我满足。如果无论是别人还是自己都无法满足你的需求，那就先让它空着，你自己知道就好，至少你不需要再消耗能量去纠结，这也是一种疗愈。

自我改变：行动起来，克服畏难情绪

几年前，我和一个朋友去越南旅行，在河内街头等公交车时突然想上厕所，可是周围没有公共厕所，于是我就想问问对面的店铺有没有。朋友跟我说，肯定没有，就算有人家也不会让你用。我不信，就跑去问了，没想到那家店的店员很友好，很爽快地就让我们用了厕所。旅行结束之后我们谈起这件事情，那个朋友说这件事情给她带来了一些触动，觉察到自己的封闭和负向思维模式，以后再遇到类似的情况，她就做了一些改变，会先尝试，然后再下结论。后来她总结，很多时候，尝试的结果都是好的，并没有自己想的那么糟糕。

在咨询工作中，很多患者都会说："这件事情很难，我觉得我不可能做到。"我通常的回答是："如果你觉得很难，那就真的很难。如果你觉得不可能做到，那真的就做不到了。"

这是因为：当你在说这件事情很难的时候，你在潜意识里就已经给自己制造了重重困难，你给自己做了人设——自己是很难战胜困难的。所以，无论是针对事情本身还是针对个人，都是很难的，你需要战胜事情的难，还要战胜自己的难，那就是难上加难。面对这种难上加难，你就容易丧失行动力。你会想，那么难，那就算了吧，于是，你真的就会算了。你越是算了，事情就越难。于是“难”和“算了吧”就形成了一种循环，久而久之就变成一种模式，当这种模式深深地印在你的骨子里和血液里，你就很难再摆脱这种模式。

很久以前，有两个相邻的村子，左边的叫穷村，右边的叫富村。穷村住的都是穷人，吃不饱穿不暖，经常忍饥挨饿，遇到恶劣的天气还会死人；富村则完全是另一番景象，家家大鱼大肉，生活幸福美满。

两个村庄之间隔着一条河，当时的人们没有船，也没人想到修一座桥，所以两个村的人从不来往，只不过穷村的人经常望着对面的各种喧嚣繁华，非常想过去看看。

每当遇到恶劣天气，穷村的人就会饿肚子，这时就会有年轻人想要尝试过河，但是家里的老人总是阻拦。一次，有一个年轻人实在饿得受不了了，想要游到对岸去，结果因为体力不支被水冲走了。从此之后，再没有人尝试过河，总有一些老人会在河岸边闲聊，遇到想要过河的年轻人，就会告诉他们：“回去吧，太难了，你会没命的。”

就这样，穷村的人世世代代忍饥挨饿，眼巴巴地看着对岸的喧嚣繁华却再也没有人行动过。

在咨询工作中，我遇到不少案主会说：“我觉得做这件事情很难。”对此，我会回答说：“做这件事情的确不容易，然而是可以的/有可能的。”通常案主都会停下来沉思一会儿，他们会仔细觉察我说的话和他们说的话的差别。虽然从表面上看，我们表达的意思是一样的。但不同的是，他们潜意识里要表达的意思是：“所以我是做不到的/所以我是不会做的……”这时，他们的思维就是负向闭合的，这种思维会阻止他们迈开脚步。而我的话是在觉察到他们潜意识的负向闭合思维之后对那个思维模式进行打破，进行正向的回应和引导。当他们的潜意识被意识化并且得到了正向引导后，改变通常就会发生。

当你在说某件事情不可能做到时，你在潜意识里已经把可以做到的大门关闭，即便后面出现了可能的迹象，你也会拒绝这种可能，并且寻找和制造借口，将其变成不可能。当你封闭了“可能”这道大门，也就禁锢了你的行动力，畏难情绪就此产生。

这样的思维模式要深究下去，就会发现与我们成长过程中的经历有很大关系，在我们的成长过程中，如果父母本身就比较消极闭合，习惯性地打击孩子，或者除父母之外的重要他人，如老师、好朋友等身边的人都是这样的负向模式，那么我们就很容易被影响，理所当然地认为就是这样的。到长大之后如果遇到同样是负向模式的人，那么负向模式就会进一步得以加强；如果遇到跟自己不一样模式的人，那么有可能会被触动，从而开始改变。

再继续深究，思维背后又是情感。负向思维背后是负向情感，“不可能”“你肯定做不到的”“你没有那么好”“别人不会喜欢你的”……这些否定、打击、评判都是由负向情感发出来的，负向情感的内在指向是无爱。因为内在没有爱，所以缺乏向上生长的积极性，只能蔫蔫的，没有生气的，自己没有得到爱，所以也没有爱给予别人。

找到原因之后又该如何做改变呢？从思维入手，打破固有的负向思维是最直接，也最有效的。平时交一些正向思维、愿意给予别人肯定和表扬的朋友，也会促进自己的进步。

还可以思考一下，在你想做的事情当中，有多少事情是真的不切实际、不可能实现的？有多少事情是自己有能力做到的？

你可以选择继续相信“很难”“不可能”，继续故步自封；你也可以选择“试试看”“或许有可能”，开始迈开第一步。

一旦行动起来，畏难情绪就会得到改善，你会发现很多事情并没有那么难，而你的自信心会得到提升，从而内心越来越有力量，情绪也就会从消极转向积极的一面。

【心理训练】——自我改变

1. 当你意识到你需要改变后，首先确定一下目标：你想要达到什么状态？越具体越明确越好。比如，你想控制自己的暴躁脾气，那怎么样才算控制了呢？将它量化，一个星期发几次脾气算是控制了？如果你一直都无法控制脾气，那么刚开始的目标就不要定那么高。比如，你乱发脾气发了二三十年，突然间你想以后都不再发脾气，这是不可能的，也不是你。如果不知道定多少次合适，那么可以先仔细记录一下自己一个星期发几次脾气。如果你一个星期发十次脾气，那么可以把第一阶段的目标定为一个星期发六次脾气。完成目标之后继续一段时间，稳定一下，再进入下一个阶段。

目标：________________

记录：________________

量化：________________

2.明确目标之后就要结合前文中说过的觉察、接纳和分析等方法进行改变。比如发脾气，每一次发脾气都要进行分析，搞明白自己为什么发脾气，能多深入就多深入，最好以文字的形式记录下来。

自我分析：________________

____

____

3.觉察和分析多了，理性慢慢就会呈现，这时你就可以渐渐控制情绪，而不是被情绪所控制了。

4.每一次的行动成功都要给予自我表扬，每一次的目标实现都要给予自己奖励。这是我们认可自己、肯定自己、爱自己的表现。

自我嘉奖：________________

____

____

第二章

抑郁自疗——激发你的生命能量

了解抑郁：抑郁是什么？

茜茜最近身体感觉很差，很慵懒，情绪低落，经常无缘无故地流泪，觉得茫然麻木，不知道活着的意义。不想学习，不想交际，觉得学习和交际很费劲。同时，胸口烦闷，喉咙像被人卡住，脑子像糨糊一样，注意力很难集中，记忆力下降，说话语速很慢，而且缺乏连贯性和条理性。有时候，她连说话都觉得费劲，学习效率也大大下降，成绩从班级前几名滑到倒数第一二名。失眠严重，晚上害怕闭眼，担心一睡觉就会死去，第二天又很担心醒来，觉得活着很艰难。最后去医院检查，确诊为中度到重度抑郁症。

抑郁，单从字面来解释，是指压抑和郁结，是一种能量的停滞和堵塞，所以**治疗抑郁，就是要打破和疏通这种能量的停滞和堵塞，将能量重新激发和释放出来**。

抑郁最常见的表现是长时间的情绪低落，这种情绪低落并非单纯的不开心、不高兴，而是一种比较麻木、迟钝和无感的状态，没有开心高兴，也没有难受悲伤，更多的是一种“什么感觉都没有”，这种情况持续三个月以上，通常就可以诊断为抑郁症。抑郁表现在身体上会有：胸口闷，喉咙堵（扼喉感），失眠或者嗜睡，食欲消减或者暴饮暴食，记忆力和反应力下降，严重的会有自残、自杀倾向或者行为。

胸口闷，是因为情绪淤积。

觉得喉咙堵或者有扼喉感，是因为表达受阻。

食欲是吃东西的欲望，是填充能量，是一种基本的生存欲望。如果一个丧失食欲，就是丧失基本的生存欲望。而暴饮暴食，会引起消化系统的紊乱，影响身体健康，也是在削弱和扼杀生存的欲望。

睡眠是停止消耗，恢复能量。失眠，就是消耗，但是没有恢复；嗜睡虽然看似在补充能量，但是因为质量不好，所以也并没有真正达到补充的效果。

记忆力和反应力下降，是因为能量没有补充到大脑，导致大脑缺乏营养的滋养。

性是除食欲之外的基本的生理需求，也是一种生本能，同时还是一种攻击性和对外释放的能量。如果丧失性欲，那么也意味着丧失生本能、攻击性以及对外释放的能力。

以上都是基本的生本能，如果丧失，就意味着能量没有填充，没有恢复，也没有对外消耗，没有进，没有出，这是一种停滞的状态，是死水一般的死寂状态。

死寂意味着没有生命力，所以严重抑郁症患者通常就是一具没有情感和思想的行尸走肉。

【心理训练】——抑郁测试

抑郁自评量表（Self-Rating Depression Scale，SDS），由华裔教授威廉·庄（William W.K.Zung）于1965年编写，主要适用于具有抑郁症状的成年人，包括门诊及住院患者。

下面有20个条目，请您仔细阅读每一条，然后根据自己最近一星期的实际感受选择答案。

A.没有或很少时间（过去一周内，出现这类情况的日子不超过一天）；

B.小部分时间（过去一周内，有1—2天有过这类情况）；

C.相当多时间（过去一周内，有3—4天有过这类情况）；

D.绝大部分或全部时间（过去一周内，有5—7天有过这类情况）。

在做完全部题目后计算总分，阅读题目后请尽快回答，不必思考过长时间。

1.我感到精神沮丧，郁闷

2.我感到早晨心情最好

3.我要哭或想哭

4.我夜间睡眠不好

5.我吃饭像平时一样多

6.我的性功能正常

7.我感到体重减轻

8.我为便秘烦恼

9.我的心跳比平时快

10.我无故感到疲劳

11.我的头脑像往常一样清楚

12.我做事情像平时一样不感到困难

13.我坐卧不安，难以保持平静

14.我对未来感到有希望

15.我比平时更容易激怒

16.我觉得决定什么事很容易

17.我感到自己是有用的和不可缺少的人

18.我的生活很有意义

19.假若我死了别人会过得更好

20.我依旧喜爱自己平时喜爱的东西

评分标准：

第1题、第3题、第4题、第7题、第8题、第9题、第10题、第13题、第15题、第19题，选A得1分，选B得2分，选C得3分，选D得4分。

第2题、第5题、第6题、第11题、第12题、第14题、第16题、第17题、第18题、第20题，为反向评分，即选A得4分，选B得3分，选C得2分，选D得1分。

将20个项目的各个得分相加得到总分，再用总分乘以1.25以后取整数部分，就得到标准分。

结果解释：

标准分53—62分：您有轻度抑郁，但是请别担心，请适当调整。

标准分63—72分：您有中度抑郁，请及时调整自己的心态或寻求他人帮助。

标准分72分以上：您有重度抑郁，已经影响到了您的日常生活，建议您立即寻求精神科医生或专业心理咨询师的帮助。

（此测试结果仅供参考，不代表临床诊断）

追溯与分析：抑郁是怎么来的？抑郁背后是什么？

抑郁症人群和非抑郁症人群最无法理解抑郁的表现是：我觉得自己/他/她没有经历什么重大的创伤，家人和朋友对我/他/她都挺好的，我/他/她怎么就抑郁了呢？

其实，抑郁症不是创伤后应激障碍（PTSD），不是重大事件导致的，是原生家庭以及成长经历传递给当事人的习惯性的压抑模式在成长过程中慢慢累积最后无法负荷而导致的。

生活在和平年代的我们，大多没有经历过什么重大的事故，所以也基本不会有什么重大的创伤，小时候被父母打骂或者冷漠对待的事件虽然也算创伤，但非重大级别，并非能在短时间内颠覆我们“三观”的重大刺激。

然而，我们的问题，往往就是一些小事慢慢累积所造成的。

小冰今年12岁，因为重度抑郁症而求助。在深入原生家庭时，小冰一谈到父母就满脸痛苦状，而且讲话出现停顿，语速开始变慢，面部表情出现扭曲。他说印象最深刻的是，有一次和班上的女生一起回家，母亲看到了，以为他早恋，告诉了父亲，父亲不分青红皂白狠狠地将他打了一顿。还有一次，他和一群男生一起抽烟，结果被其他同学告诉了父亲，回家后也被父亲狠狠地扇了一个耳光。

小冰说，被父亲打的感觉很愤怒，同时又很恐惧，因为感觉自己弱小，无力反抗，因此又觉得悲哀和绝望。小冰觉得自己和父亲的关系似乎是通过“打”建立起来的，父亲平时很少关心他，父子之间很少交流。每次一见到父亲，小冰就感觉很压抑，这种压抑的感觉会带来恐慌，恐慌让小冰容易犯错误，而一旦犯错误，父亲就开始责罚和打骂他，这样就形成了一个恶性循环。

小冰认为，父亲会让自己很压抑，而母亲则是帮凶，不仅没办法保护自己，还会跟着一起伤害自己。有一段时间，小冰无法住在自己家里，后来去医院住了一段时间才缓解过来。

抑郁的核心是习惯性的压抑，无论父母如何对待我们，只要他们让我们压抑了自己，那我们就有抑郁的可能，这只是一个阈值的问题。

父母一次两次的打骂、指责、否定，不会让我们对自己产生怀疑和责怪自己，但是如果父母长期如此，那么我们就会形成一种思维模式：**只要一有矛盾冲突就觉得自己是错的，一旦觉得自己是错的就想赶紧逃避，赶紧息事宁人，于是就有了“和事佬”“老好人”，就有了压抑，压抑久了就会抑郁。**

有抑郁症患者说，父母对我很好，什么事情都替我解决了，我自己什么都不用愁，我也不知道自己为什么就抑郁了。“好”

这个东西如果过度，也会造成一种压抑：父母都是为了你好，所以你不能拒绝，也不能提出自己的要求，于是你就会感到压抑。以后当你遇到对你很好的人，你也会像对待父母那样压抑自己，于是你的压抑模式就在无意识当中得以巩固和加强。

父母无论对我们是好还是坏，弱小的我们在父母面前总是会存在一定程度的压抑，这是出于生存本能和自我保护的需要，当我们成长到一定阶段不再完全依赖父母时，我们就开始有力量释放和表达，这通常会通过反抗和叛逆表现出来。

所以叛逆很重要，一个从来就没有叛逆过的人，要么从来就没有过自己的情感和思想，是麻木的，要么就一直以来都是压抑的、无力的。

叛逆的人是苦的，有些局内人这么认为，局外人也这么认为；有些则是局内人觉得其乐无穷，而局外人觉得苦；有些则是局内人觉得苦，局外人觉得有趣。

叛逆是个人的表现，其中的感受也只有当事人才能体会。

压抑了多久，就准备叛逆多久。当你把压抑的情绪通过叛逆完全表达出来了，到那时，你自然就会开始寻求平衡，平和也就自然而然地到来。

在我六年的心理咨询工作中，长期的个案基本都是抑郁症，但我最近很少再单独去讲抑郁症，这是因为我觉得，抑郁症患者其实也是普通人，抑郁症的治疗需要从普通的琐碎小事着手，慢慢去突破。所以我谈钱，谈人际关系，谈沟通，谈性，等等，这些东西从表面上看似乎跟抑郁症一点关系都没有，但是实质上正是这些东西贯穿和组成了抑郁症的全部。

牵一发而动全身，蝴蝶效应，十指连心，这些其实都在揭示一个方面的变化对生活的影响，抑郁症以及其他神经症的形成也是如此。

前面说过，抑郁的核心是压抑，那接下来我们就需要继续深入分析：你压抑了什么？是什么导致了你的习惯性压抑模式？

首先，你压抑了什么？

从最近的压抑开始追溯，一直追溯到你开始有记忆的童年时期。

造成我们压抑的因素，通常源于社会和家庭，包括工作、学习、生活，以及由此衍生出来的上下级关系、同事关系、客户关系、师生关系、同学关系、亲子关系、家族关系、夫妻关系等，而这些关系，又广受社会意识的影响，如文化、规则、道德，身为社会的一分子，我们难以避免地浸润其中，换句话说，环境在塑造我们，但环境也是我们的一部分，除了天生的基因遗传，我们还继承着文化遗传的部分。

先天的基因加后天的文化，塑造了今天的我们。

基因的遗传我们无法改变，后天的文化也不是我们一朝一夕可以改变的，但是我们能通过改变自己的认知，重新调整自己和文化的关系，让自己处于相对比较自由舒适的状态。

抑郁的压抑，最早是源于原生家庭父母的相处模式以及父母对待子女的模式，如果父母在亲密关系当中都处于比较压抑的状态，那子女就会从小习得这种压抑的模式，并且在潜意识中认为，这种模式就是正确的，人与人之间的相处就应该这样。而通常压抑的父母，在压抑到一定程度之后就会突然爆发，这种爆发会带给年幼的子女一种恐惧感，这种恐惧感又会带来压迫感。因为子女年纪小，还需要依赖父母维持基本的生存，出于保存自我的本能，他们无意识地就会选择压抑。所以，子女的压抑模式一部分是习得了父母的旧有模式，另一部分是因为自身的弱小而被迫压抑。后一部分的压抑是难以避免的，因为这是客观的弱小造成的。我们的父母也是这样过来的，所有的人类都是这样过来的。

可以改变的是父母的旧有模式，这里不是说要求父母改变，很多父母特别是上了年纪的父母是不会认为自己有问题需要改变的，所以趁早放弃这个希望。

我说可以改变的是，**当你意识到父母的旧有模式是不对的，你就可以有意识地改变自己的模式，不再遵循和继承父母的旧有模式。**

比如父母认为，吵架是不好的，他们可能不会吵架，但是遇到矛盾冲突也不沟通，只是冷战，或者一方一味地忍让和妥协。当你的意识未觉醒时，你可能会认同这个模式，认为在关系当中，就需要有人忍让和妥协，如果你认同的是忍让和妥协那一方，那么你就认同了压抑模式，日后就很容易得抑郁症。当你意识觉醒，你开始意识到，吵架并非不好，可能也是一种沟通模式，在关系当中，你可能并非需要一味地忍让和妥协，你也可以表达你的需求，最后大家共同协调，获得一个彼此都可以接受的结果。那么，这个时候，改变就开始了。

刚刚我们说的父母在关系当中的处理模式，虽然说的是个体，但因为父母也是社会的一分子，所以其实也受社会文化的影响。

中国的社会文化比较崇尚“以和为贵”“家和万事兴”等“和平”文化，所以对矛盾和冲突会比较排斥和抵触，这种集体的排斥和抵触会形成一种群体压力，让每个身在其中的人无意识地就屈从了。

因此，原生家庭以及父母的问题，背后也有一定社会文化的因素，我们也需要去审视社会文化对我们的影响。“和平”是件好事情，但积极地进行表达和沟通，也是为了达到“和平”的目的。

所以，抑郁的疗愈也是一个重新审视自我，审视原生家庭，审视社会文化，以及审视自我和家庭社会关系的历程，当你疗愈了自我，你的“三观”可能也会重塑。

【心理训练】——压抑追溯

从最近的压抑事件开始回忆，一直追溯到童年时期，如果导致压抑的事件比较多，选择那些对你影响最深的事件。

最近的压抑事件：

____

____

____

____

结婚生子之后的压抑事件：

___

___

___

进入职场之后的压抑事件：

___

___

___

学生时期的压抑事件：

___

___

___

童年时期的压抑事件：

___

___

___

接纳抑郁：和抑郁相处

小敏是一个性格柔弱的女孩子，生活工作中的一些小麻烦，总是会带给她无尽的忧虑。从大二开始，她的焦虑情绪开始陡增，看见同学们都在寻找兼职，而自己根本没有做好进入社会的准备，她觉得自己根本没有能力工作，想要考研，却发现自己根本学不进去。

小敏的焦虑情绪越来越严重，开始出现失眠的情况。病情持续了一段时间之后，小敏病倒了，经常一天天地躺在宿舍床上。之后，她意识到问题的严重性，把情况告诉了家人，并在家人的陪同下一起去看了心理医生。

小敏被确诊为抑郁症，医生给她开了很多药，这样持续了一段时间，但是小敏不想成为药罐子，所以坚持出院。吃药让小敏发胖，这是她无法接受的，而且她始终认为吃这么多药会毁了自己的健康，所以一直存在抵触情绪，一心想着停药。

然而病情却在停药之后复发了，她的情绪始终比较消极，没办法，她又回到了医院。在住院的日子里，小敏终于想通了，她觉得自己必须做出改变，否则最后会被负面情绪彻底淹没。

小敏不再像之前那样整天躺在病床上，一句话不说，她开始跟更多病友交流，开始练习正念、冥想，尝试更多康复的方法。终于，她的内心深处开始接纳患病的事实，配合医生积极治疗。

除此之外，小敏还找了心理咨询师，通过每次数小时的咨询，她学到了很多治疗方法，并在每一次犯病的时候进行实践。渐渐地，她的抑郁症得到了缓解。

如今，小敏的抑郁症已经很少复发，最重要的是，她已经能够接纳自己患有抑郁症的事实，也知道自己完全有能力耐受抑郁症，不被其干扰了。

放弃和抑郁症做斗争，也就是放弃和抑郁症做敌人，放弃敌对心理，抑郁情绪也是你的一部分，尝试着和抑郁症做朋友，其实也是在尝试着和自己做朋友，好好理解自己，好好和自己对话，好好和自己沟通，好好和自己相处。

刚开始出于惯性，你总是会和抑郁症对着干，其实也和自己对着干，你需要有意识地改变这种惯性。

刚开始你可以只是看着它，看着自己。看着就好，什么都不用做。

慢慢地，你可以加点感情，尽可能温柔地看着它，观察它。

再慢慢地，你可以尝试和它对话，关心它的感受，注重它的需求，好好地善待它。

这个朋友刚开始可能会经常光顾，而且很多时候是不期而至，从来不预约，不打招呼，你要随时做好招待的准备。

后来慢慢地，这个朋友来得会越来越少，有时候你可能内心还会有点失落遗憾，它怎么就不来了呢？

尝试去和抑郁做朋友，它其实并没有那么糟糕，只是你的排斥让情况变糟糕了。

抑郁是一种情绪，生而为人，就是会有情绪的，接纳情绪的存在，并做好和它相处一辈子的准备。

当你可以做到和抑郁和平相处，抑郁就不再困扰你，你可以带着你的抑郁正常学习、工作、结婚、生子，你也可以变得优秀，获得成功。

【心理训练】——接纳抑郁

想要真正接纳抑郁，一定要学会自爱与自我接纳。美国心理学家雪莉·卡森（Shelly Carson）和艾伦·兰格（Ellen Langer）指出，一个真正自我接纳/自爱的人，具备以下六个方面的特质：

1.有能力、有意愿让别人看到自己最真实的一面；

2.对自己做出的评价是恰当的、适度的；

3.有能力接受过去犯下的错误，无论是那些真实发生的错误，还是主观上认为是错误的错误；

4.不会将个人价值建立在社会比较的基础上；

5.在其对自己的认知中，自我形象是丰富的、充满可能性的；

6.能够为自己的选择和行为承担责任。

以正念的心态去生活，会让我们更好地自爱与自我接纳，下面是具体的训练方法。

1.积极观察身边的变化。

留意身边新出现的人、事物，或者是已经存在的人、事物发生的变化，只观察，不评判。养成习惯之后，你会发现自己一直在回避的东西，也可以意识到哪些方面是自己还不太了解的。

最近你的身边有哪些变化？

____

____

2.减少自我否定。

当我们做不到自我接纳和自爱时，就会习惯性地自我否定。这时候需要用“可能性词语”取代“固化词语”。例如“我是”就属于固化词语，“我可能是”就是可能性词语。

“我是一个胖子”可以改为“我可能有点胖，但是没关系，我接受自己有点胖”（以后能瘦下来可以，不能瘦下来也可以）。

仔细体会这种接纳所带来的变化，久而久之就会产生效果，试试吧：

____

____

3.每天坚持写日记。

每天晚上，将一天中最重要的事情记录下来，观察生活，但是不评判，用心体会，从而更好地接纳自己。

今天都发生了哪些事呢？

第二章
抑郁自疗——激发你的生命能量

疗愈抑郁：重新激活你的生命能量

志国因为抑郁症前来求助，通过一段时间的心理咨询，他找到了抑郁的原因——自己有一种受害者情结，总觉得别人都是坏的，都是要伤害自己的，而自己则是弱的、无力自我保护的。

这种情况导致志国在人际交往当中总是充满自我防御以及敌意，同时又陷入自怨自艾当中。比如，领导给他安排任务，他就会感到很生气，但是会选择压抑自己的愤怒，不过工作中处处不配合，最后让领导忍无可忍，选择辞退他。

当志国意识到这一点之后，开始有意识地提醒自己：我不是受害者，我是可以自我保护的，别人并没有那么坏。卸下自我防御和敌意之后，志国的人际关系逐渐出现缓和，抑郁情绪也大大缓解。

当你分析清楚是什么压抑了我们，将潜意识意识化，哪怕你什么都不做，你的心情也会相对舒服缓和很多。至少你不再需要消耗能量去纠结“为什么”，使自己的能量得以保存。

通常情况下，当我们意识到了我们的潜意识，行动就会跟着发生，改变也会随之而来，这是一个自然而然的过程。

但是如果抑郁很严重，那就需要一定的勇气和毅力坚持。

在学习、工作和生活中，我们需要有意识地提醒自己，遇到让自己感觉不舒服的事情时一定要表达出来，哪怕是以愤怒的形式。不用担心情绪崩溃，对于抑郁症患者来说，情绪崩溃也是对压抑模式的一种打破，是一件好事情。表达出来之后有意识地进行沟通，如果暂时做不到理性沟通，那么也没关系，可以滞后一点，等你觉得可以之后再进行。

除了在关系当中有意识地打破压抑模式，还可以通过运动、艺术创作等辅助方式帮助自己。中等强度的有氧运动可以促使大脑产生内啡肽、多巴胺等让人愉悦的物质，从生理上调节我们的情绪。无论是运动还是艺术创作，都可以帮助我们宣泄情绪，让情绪流动起来。

注意，无论选择哪种辅助方式，都要选择自己喜欢的，擅长的，或者容易产生愉悦感和成就感的。要定期稳定地坚持去做，频率可以选择自己可以接受的范围。通常情况下，如果是自己喜欢的，就不需要费劲坚持，所以建议选择自己喜欢的或者一直想要尝试但从未尝试过的。在尝试的过程中，如果有很强烈的挫败感，可以重新再选择另外的方式，直到找到适合的为止。

在抑郁的自疗过程中，还需要注意放下自责和评判，停止对内攻击，接纳自己所处的状态，并且有意识地寻找自己的进步点以及闪光点来肯定和表扬自己。

抑郁的形成是一个漫长的过程，自疗也是一个漫长的过程，甚至可能是一个终生的过程，我们需要戒骄戒躁，沉住气，一点一点地调整。这个过程是一个螺旋向上的过程，有时候你以为回到了原点，但其实那并不是原点，而是比原点更高的一个点。

抑郁也不是一件坏事，它让你开始探索自我，在成长的路上走得更深，也更远。

【心理训练】——情绪表达

● 愤怒表达——说出你的真实感受

这是心理学家托马斯·高登介绍的一个方法，当你感到愤怒时，说出自己的真实感受，不要站在对方的角度，告诉对方哪些行为让你感到不满。

第一步：表述事件。“当你……”

第二步：说出感受。“我感到很生气……”

第三步：与对方分享自己的期望。“我希望你可以……”

第四步：说明原因。“我希望你……是因为……”

● 间歇性想死——厌世情绪的沟通疗法

抑郁症患者经常会感到人生没有意义，产生厌世情绪，这种情况下可以通过聊天进行情绪宣泄。然而由于其自身存在满满的负能量，很少能够找到合适的倾诉者，因此可以通过心理咨询的方式进行情绪排解。

● 悲伤痛苦——躲起来痛哭一场

当悲伤痛苦的情绪来袭时，找一个独处的空间，卸下伪装，痛哭一场，让心中的情绪尽情宣泄。

想自救？你还需要一个客体

针对抑郁焦虑的情况，选择心理自救或者自助的人群，比较常见的一个问题是自我分析能力不够。

虽然从一般的比较表层的意识层面来看，他们的确分析出了原因在哪里，而且全部都列了出来，但是他们只是找到了大概的方向，并没有沿着这个方向继续深入地剖析。而如果继续深入地剖析，就不仅需要分析能力，还需要具备一定的情绪稳定能力，或者说是第三者的客观中立的态度，而自救人群作为情绪的主体，是身陷在情绪里面的，所以无法抽离出来以第三者的客观中立态度来审视问题。

虽然有一部分人说，我可以做到，但是那种做到往往是假装出来的，是一种将痛苦压抑或者隔离而呈现出来的假象，这种假象可以骗得了别人，但是骗不了自己，最直观的结果就是他们一直停滞不前，抑郁焦虑问题没有得到缓解和疗愈。

虽然说抑郁焦虑是一种常态，但是那种常态是自己可以控制和调节，并且通过抑郁焦虑获得成长和突破的。而他们不是，他们是被困的，他们没有突破困境，而是一直在困境里打转，只是有时看上去似乎有所好转，但那只是一种暂时的舒缓。这种舒缓更多的可能是外界的压力减少了，或者外界关系比较友好，让他们得以暂时地放松。比较常见的就是辞职出去旅行，在家赋闲不工作，家人朋友的态度也比较关心爱护，等等。然而，一旦真正地进入社会工作，开始需要面对和处理复杂的人际关系，以及承担工作和现实的压力时，他们又会开始犯病。也就是说，导致他们抑郁焦虑的本质——情绪问题并没有真正疏通和整理。

之前有位来访者说，刚开始抑郁的两三年，他觉得可以通过自救的方式来疗愈自己，于是很固执地不肯寻求心理咨询师的帮助，结果后来抑郁越来越严重。三年之后，他已经没有办法正常地学习和生活，必须休学。在休学期间，他才找到我，承认自己的确没有办法进行自救，需要寻求别人的帮助。

后来我们花了一年的时间帮助他返回学校，再花了一年的时间进入正常的学习状态，第三年高考，他考上了一所很好的大学。在他去上大学的前几天，我们做了一次咨询，开始慢慢告别。之后十一假期，他又回广州做了一次心理咨询，一直到现在，大半年过去了，他没有再来咨询，因为是按照疗程付费的，最后一个疗程还剩一次咨询。他说如果需要，即便异地也会找我做视频咨询。他也担心自己的抑郁症会不会再次复发。

我告诉他，你的内在模式已经有所调整，核心的情绪问题也已经有所疏通，只要保持觉察，一不对劲就随时调整，那复发的概率应该不大。但这不代表你不会有抑郁焦虑情绪，而是说不会再像以前一样发展到影响正常学习生活的神经症的程度，你不会再被抑郁焦虑所控制，而是可以控制抑郁焦虑。

从上述的这个例子，我想要说的是，**可能人们有时候太过自信，这种自信就变成了一种固执，而这种固执会让人处于紧绷又封闭的状态，这个状态本身就是抑郁症的过度僵化和固着模式的一个表现。所以，求助本身也是打破过度僵化和固着模式的表现。**

还有一个问题是，自救人群几乎很难既作为深陷其中的当事人，又作为客观中立的第三方，即便做到了，他们依旧需要一个客体来进行情绪的表达、宣泄和沟通。

这个客体几乎不可能完全由自己完成，所以我们需要人际关系，无论是朋友、亲人，还是同事，抑或是陌生人，都是一个客体，我们跟他们交流的过程，本质上就是主体和客体的互动过程。好的客体可以承载我们的情绪、情感甚至精神，并对此做出积极的反馈。注意，**这个“积极的反馈”不是指说好话、夸奖、赞美、赞扬之类的，而是指针对某一个问题进行深入的探索。**

然而，必须承认的是，不是所有的人际关系都可以给予我们积极的反馈，愿意跟我们进行深入的探索，一方面取决于个人是否有成长的需求，另一方面取决于成长的高度和深度是否一样。

另外，必须要指出的是，一般抑郁情绪比较严重的人，前期的接触的确会让人很不愉快，你可以很直观地感受到他的情绪铺天盖地迎面而来，有时候甚至紧紧地将人包裹住，让人难以呼吸甚至窒息。这也是很多人不愿意跟抑郁症患者打交道的重要原因，的确很消耗人的能量，一不小心也会被拖入深渊。所以，很多抑郁症患者的朋友起初可能都试图给予其帮助，但是最后都不得不放弃。

除了人际关系，还有一些载体可以起到一定的辅助作用。之所以说载体而不是客体，是因为这些载体不是人，而是一种器具和方式之类的东西，并非像人一样可以给予回馈。比如，写作、运动、艺术，这些都是载体，可以帮助我们宣泄表达情绪，但是不会给予我们回馈。只有当我们具备一定的自我沟通能力时，这些载体才能真正地帮助我们，那时给予我们反馈的，其实是我们自己，我们只是通过载体间接地自我沟通，而要达到比较好的自我沟通，又必须疏通和整理好淤积的或者混乱的情绪，也就是说，要具备一定的自我控制能力。

所以，总的来说，自救，的确很不容易。

第三章

焦虑自疗

——引导你的生命能量

了解焦虑：焦虑是什么东西?

焦虑，从字面上解释，是焦灼和顾虑，是对外界的寄托和依恋未果而产生的一种不安全感。如果说抑郁是一种自恋，是内在能量的压抑，那么焦虑就是一种他恋，是内在能量的无处固着。因为无处固着，又要极力寻找固着点，但寻而不得，于是就钻在焦虑的模式里出不来。

焦虑最常见的表现是，脸色泛红憔悴，眼睛里有血丝，眼神焦灼，说话语速快，经常伴随逻辑混乱，缺乏条理和重点，失眠或者睡眠不好，身体（包括神经）紧绷，注意力不集中，容易为琐事消耗，左右摇摆，难以做决定。泛化的焦虑是找不到具体原因的焦虑，一天下来觉得自己没做什么事情，但就是感觉累，没有精神。严重的焦虑会出现躯体反应，比如心悸，手脚颤抖，容易被惊吓，甚至出现惊恐发作、昏厥，影响正常的学习、工作和生活。

焦虑人群在认知方面有如下特点：

- 总是高估负面事件发生的概率；
- 总是高估负面事件的严重性；

- 总是质疑自己的能力，尤其是低估自己应对负面事件的能力。

然而，焦虑虽然有很多负面影响，也并非一无是处，它是人类生存的一种必不可少的情绪。它的积极意义包括以下方面。

- 忧患意识，未雨绸缪。比如，阴天了，你担心会下雨，出门就会带伞；公司没生意了，你担心会失业，就会提前开始找工作。
- 战胜惰性。懒惰是人性本能，而焦虑是它的天敌。比如，你看到别人的房子更大、车子更好，你在焦虑的同时，也会行动起来，去想办法赚更多的钱。
- 保持专注。比如，你患上了感冒，满脑子想的都是如何治愈感冒，从某种角度来看，焦虑可以让我们保持专注。

焦虑是全世界范围内非常普遍的问题，全世界的科学家都在针对焦虑问题进行研究，接下来列举几项与焦虑有关的最新研究发现。

- 焦虑是会传染的。研究人员通过对1000个家庭的调查发现，焦虑情绪会在家庭成员之间相互“传染”。
- 低能量消耗活动也会引起焦虑。什么是低能量消耗活动？久坐、看电视、玩手机、打游戏……这些活动有可能会导致睡眠紊乱、新陈代谢功能减弱、社会逃避，从而引起焦虑。
- 焦虑会导致社会隔离感。心理学家通过研究发现，焦虑情绪会导致人们对自身更加关注，从而忽视他人的感受，这就容易引发社会隔离感。

● 与人为善能缓解社会焦虑。研究人员通过实验证明，友善的人在社交活动中更舒适，焦虑情绪也更低。

【心理训练】——焦虑测试

焦虑自评量表（Self-Rating Anxiety Scale，SAS），是由华裔教授威廉·庄于1971年编制的。从量表构造的形式到具体评定的方法，都与抑郁自评量表十分相似，是一种分析病人主观症状的相当简便的临床工具。

下面有20个条目，请您仔细阅读每一条，然后根据自己最近一星期的实际感受选择答案。在做完全部题目后计算总分，阅读题目后请尽快回答，不必思考过长时间。

1. 我觉得我比平常容易紧张和着急（焦虑）。

2. 我无缘无故地感到害怕（害怕）。

3. 我容易心里烦乱或觉得惊恐（惊恐）。

4. 我觉得我可能将要发疯（发疯感）。

5. 我觉得一切都很好，也不会发生什么不幸（不幸预感）。

6. 我手脚发抖打战（手足颤抖）。

7. 我因为头痛、颈痛和背痛而苦恼（躯体疼痛）。

8. 我感觉容易衰弱和疲乏（乏力）。

9. 我觉得心平气和，并且容易安静坐着（静坐不能）。

10. 我觉得心跳很快（心悸）。

11. 我因为一阵阵头晕而苦恼（头昏）。

12. 我有晕倒发作或觉得要晕倒似的（晕厥感）。

13. 我呼气吸气都感到很容易（呼吸困难）。

14. 我手脚麻木和刺痛（手足刺痛）。

15. 我因为胃痛和消化不良而苦恼（胃痛或消化不良）。

16. 我常常要小便（尿意频数）。

17. 我的手常常是干燥温暖的（多汗）。

18. 我脸红发热（面部潮红）。

19. 我容易入睡并且一夜睡得很好（睡眠障碍）。

20. 我做噩梦（噩梦）。

评分方法：

焦虑自评量表采用4级评分，主要评定症状出现的频率，其标准为：

“1”表示没有或很少时间有，记1分；

“2”表示有时有，记2分；

“3”表示大部分时间有，记3分；

“4”表示绝大部分或全部时间都有，记4分。

20个条目中有15项是用负性词陈述的，按上述1—4顺序评分。其余5项（第5项、第9项、第13项、第17项、第19项）是用正性词陈述的，按4—1顺序反向计分。

总分乘以1.25取整数，即得标准分，分值越小越好，分界值为50分。

结果解释：

标准分50—59分：您有轻度焦虑，但是请别担心，请适当调整。

标准分60—69分：您有中度焦虑，请及时调整自己的心态或寻求他人帮助。

标准分69分以上：您有重度焦虑，已经影响到了您的日常生活，建议您立即寻求精神科医生或专业心理咨询师的帮助。

（此测试结果仅供参考，不代表临床诊断）

追溯与分析：焦虑是怎么来的？焦虑背后是什么？

我在心理咨询工作中，经常会遇到很多莫名其妙就焦虑的来访者，他们自己也说不清楚自己为什么焦虑，只是觉得自己做什么事情都很难，做什么事情都焦头烂额，耗费心力，觉得一切都不顺利，而且很容易因为一些琐事而情绪崩溃。

讲一个案例，小明是一个刚入职场两年的年轻人，他前来咨询的主要原因就是最近会莫名其妙地感到焦虑，尤其是在遇到压力的时候。

每个月发工资的那天他都会很开心，然后报复性消费，第二天看着所剩无几的薪水，想着下个月的日子该怎么过就开始焦虑了。

快要交房租的时候，一想到银行卡余额，又焦虑了。

公司团建，想到要跟不熟悉、不要好的同事假惺惺地应酬，也会焦虑。

想要学习一下，看看知乎，都是年薪百万元的答主，要知道自己的老板才赚几十万元，这些人到底怎么赚的那么多钱，自己的人生看来完全没有希望了，再次焦虑。

有些时候，甚至看着新闻也会焦虑，某个地区又发生爆炸了，某些地区局势不稳，天气一年年变热……天哪，明天又是一个雾霾天！

这些莫名其妙的焦虑总是时不时跳出来，这让小明备受煎熬。其实，**焦虑的核心是矛盾冲突，而出现矛盾冲突，通常也意味着缺乏一个稳定和安全的环境，既包括外部环境，也包括内部环境**。

这个追溯起来，近的可能是因为学习工作压力大，超出自己身体和心理的负荷，也可能是因为人际关系的恶化，超出自己可以处理的范围。无论是哪一种，都是个体的内部环境和外部环境产生了矛盾和冲突。再继续深入原生家庭以及成长背景，可能其从小与父母的关系就处于一种焦灼、纠结、动荡不安的状态，比如经常吵架、打架、家暴、冷漠、冷战、闹离婚等充满矛盾冲突的状态；又如父母或者监护人对子女的教育观念不一致，这个要求东，那个要求西，有些父母还会要求子女站队，这也会带给子女不知该帮（认同）父亲还是该帮（认同）母亲的焦灼感和纠结感。因为在潜意识深处，**无论选择站在哪一边，对子女而言，都是在背叛另一边。背叛是一种分裂，容易让人产生焦虑，同时背叛也意味着缺失另一半的关爱和支持，这也会带给人缺失感和不安全感。**

从社会意识来分析，当时社会的主流价值观也会带给人影响，如果个人的选择是和主流价值观一致的，那么因为从众，所以不容易焦虑；相反，假如个人的选择是和主流价值观相违背的，或者有分歧的，那么个体与群体就有了一个对抗，这时就会产生矛盾冲突，焦虑也会随之而来。

比如常见的教育焦虑，几乎所有的父母都致力于把孩子送到最好的学校接受最好的教育，有天赋有能力的孩子或许可以满足和实现父母的期望，可是很多孩子再怎么努力也无法达到父母的期望，这时孩子的能力和父母的期望就有了冲突。而当孩子无法满足父母的期望时，父母和主流的社会价值观就有了冲突，如果孩子也认同主流的社会价值观而自己又达不到，那么孩子和主流的社会价值观也有了冲突。各种矛盾冲突夹杂在一起，焦虑就变得混乱而泛化，而混乱又更进一步加剧了焦虑情绪。

所以焦虑情绪之所以复杂而棘手，第一种原因是焦虑本身，第二种原因是因为焦虑而产生的混乱，第三种原因是因为混乱又引发了新一轮的焦虑，种种因素叠加在一起，造成了这一问题。

需要注意的是，焦虑通常和抑郁一起出现，单一的抑郁症是极少的，通常都是混合型，如焦虑型的抑郁症或者抑郁型的焦虑症，前者是抑郁主导，伴随焦虑；后者是焦虑主导，伴随抑郁。

抑郁症一旦出现好转，焦虑就不可避免。因为抑郁症一旦出现好转，也就意味着能量的释放，而一旦能量释放但又暂时找不到固着的点，就会出现因为无从固着而导致焦虑。

所以，如果你从抑郁走向焦虑，那么恭喜你，说明你正在慢慢好起来，你要做的就是循序渐进地处理焦虑。

接下来，我们看看到底是什么导致了焦虑，它的背后是什么？

前面已经说过焦虑的三层结构，第一层是焦虑本身，第二层是因焦虑造成的混乱，第三层是混乱引发的新一轮焦虑。当我们明确这三层以及其中的关系，那么就可以分层次地去分析和处理。

焦虑本身

第一层

因焦虑产生的混乱

第二层

混乱引发的新一轮焦虑

第三层

首先，明确导致自己焦虑的事件有哪些？由近到远一一追溯，每一个事件都尽可能地写得详细具体，这样做一方面是为了宣泄和梳理情绪，另一方面是为了寻找更细微的关键点。不要因为事情很微小琐碎而感到羞耻和不屑，生活无大事，导致我们焦虑的事情通常都是一件件微不足道的小事，但也正是那些小事引发了我们的痛苦。我们要做的，就是把痛苦抽丝剥茧般地梳理出来。

其次，标出其中的关键词，以及关键词背后的情绪。

再次，自由联想，那些情绪让你想起什么？你体会到什么情绪情感？

最后，针对深层次的情绪情感进行自我理解、关怀和弥补。

看一个案例，X最近因为注意力无法集中，工作效率低下，睡眠质量不好而接受心理咨询。经过谈话问询，X自述可能是因为最近工作压力大导致自己很焦虑。而具体的工作压力是哪些呢？X想了想，觉得可能是因为和同事相比，自己的销售额停滞不前，不如同事厉害，这种攀比心理让X感觉很紧绷、很焦虑。

这时，咨询师引导X对“攀比”“紧绷”进行自由联想，X想起小时候父母总是拿自己和别人家的孩子进行比较，通过比较来贬低和否定自己。这种贬低和否定让X感觉羞耻、丢脸，还有被父母抛弃的恐惧，而正是这些羞耻和恐惧让X总是处于紧绷状态。

当X意识到问题的根源，明白“攀比”背后的深层次原因后，开始放松下来，因为他明白，自己已经长大，即便父母抛弃自己，自己也可以继续生存。

X焦虑分析

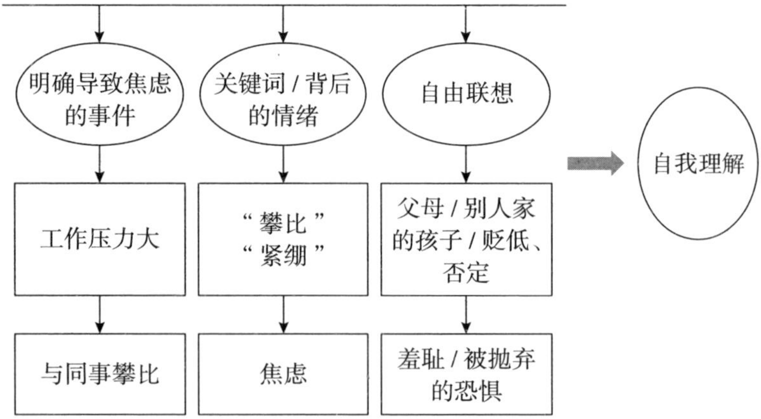

【心理训练】——焦虑追溯

从最近的焦虑事件开始回忆，一直追溯到童年时期，如果导致焦虑的事件比较多，选择那些对你影响最深的事件。

最近的焦虑事件：

____

____

____

结婚生子之后的焦虑事件：

____

____

____

进入职场之后的焦虑事件：

____

____

____

学生时期的焦虑事件：

____

____

____

童年时期的焦虑事件：

____

____

____

接纳焦虑：和焦虑相处

方宇因为中度焦虑前来求助，目前最让他焦虑的是晚上无法入睡，他特别担心因为失眠影响身体健康，从而导致生病，甚至死亡。虽然理性上他知道失眠未必直接会导致生病或死亡，但是情感上他还是无法控制焦虑。他在医院做过做睡眠认知治疗，也觉得医生说的话很有道理，但自己就是无法控制焦虑。

咨询师告诉他，他的焦虑问题不会那么快解决，让他做好心理准备，学习去耐受焦虑。睡不着觉的时候就不睡，去做点别的事情，等到想睡的时候再睡。

一个星期之后方宇再来咨询，他说自从咨询师上次叫自己耐受焦虑，睡不着就不睡之后，虽然还是会失眠，但是似乎焦虑症状减轻了。

接纳焦虑和接纳抑郁一样，都不容易。哈佛大学心理学硕士泰勒·本－沙哈尔（TalBen-Shahar）讲过一番话：

记得我第一年在哈佛上课，刚开始我只有8名学生，有一次课后我在研究生餐厅吃饭，一个不是我的学生找我说："泰勒，

我听说你在教幸福课，我的室友在上你的课，但是你要当心哦！如果我看见你不开心，我就要告诉我的室友。”

那天，我上课的时候，我就告诉我的学生：“我不希望你们以为我上这个课，我就会乐呵呵，世界上只有两种人不会难过、伤心、失望。一种是精神病人，一种是死去的人。所以，只要你是人，你就会难过、会痛苦、会伤心和沮丧。”

焦虑也是如此，大部分人都会产生焦虑情绪，而我们要做的就是接纳焦虑。然而，接纳焦虑并不容易。

在心理学领域，有一个非常著名的白熊实验，也被称为白熊理论，该理论最早由美国哈佛大学的心理学家丹尼尔·魏格纳提出。

丹尼尔·魏格纳进行过一项实验，参与实验的被试者被单独隔离在一个实验室里，屋里有一张桌子，桌子上摆放着麦克风和呼叫铃。

第一个5分钟，研究人员让大家畅所欲言，说出心里的任何想法。

第二个5分钟，研究人员发出指令，要求被试者不要想白熊，如果有人想了白熊就要按铃。结果显示，平均每个人都在5分钟内按了6次铃。还有一位女性被试者，即便很努力地克制自己，还是按了整整15次铃。当然，也有一些人能够通过转移注意力的方法不去想白熊。

第三个5分钟开始后，研究人员要求大家尝试想白熊，每想到一次就按一次铃。结果，第二个5分钟压抑自己不去想白熊的人，在这个阶段脑子里出现了反弹，全都被白熊占领了，其中有一个人按了16次铃！

该实验表明，我们越是想要努力摆脱某种想法，这种想法反而会更牢固地印在我们的脑海中。白熊实验启发我们，当我们面对焦虑时，试图摆脱焦虑，或者通过转移注意力的方式回避焦虑，都不是最好的解决办法。

也有少数人可以通过转移注意力的方式缓解焦虑，在面对一些微小的困扰时，这种方法也许会有效果，但是真正的焦虑往往来自内心深处重大的、未解决的困扰，转移注意力的方式只能暂时缓解焦虑，并不能从根本上解决问题，它实际上更像是一种拖延行为，而且很容易引起反弹。例如，有些人会让自己忙碌起来，通过疯狂工作缓解焦虑，然而一旦闲下来之后，焦虑就会翻倍。

当“压抑—反弹—再压抑—再反弹”的循环反复出现时，焦虑就会被无限放大，变为强迫性思维。正确的解决之道是真正接纳焦虑，唯有这样，我们才能逐渐获得心灵的平静。

我之前写过一篇文章，题目是《抑郁症是宅男宅女，焦虑症是浪子浪女》，因为抑郁症患者更喜欢生活在自己的世界里，焦虑症患者则更习惯抓住别人，想要依附到别人的身上。

那么如何控制这种“抓住”和“依附”的欲望呢？这就是接纳焦虑的关键。

首先，觉察自己的焦虑。当你觉察到焦虑时，告诉自己：“我知道你焦虑了。”这句话虽然简单，但它在给潜意识传递一个信息：我接受你的焦虑。当你的焦虑被接受，也就意味着它有了一个固着点，那么焦虑就不再到处发散。

其次，好好体会焦虑。将焦虑想象成某样东西，去观察它，闭上眼睛想象的效果会更好。

再次，一点一点地靠近代表焦虑的东西。在这个过程中，继续保持观察和体会。

最后，如果可以，钻进那个代表焦虑的东西里面，继续观察和体会，或者，在想象中将代表焦虑的东西一点点地驱散。

【心理训练】——接纳焦虑

刚开始时，如果你无法独自做到上面所说的想象接纳，那么可以通过以下方法，借助外界物体来进行接纳训练。

1.寻找一个可以让你聚焦的物体，最好是流动的液体，比如流水，因为流水通常代表流动的情绪。

2.将你的焦虑投射到流水上面，跟随水的流动而流动。

3.仔细观察流水的变化，包括颜色、形状、声音、气息等。

4.想象自己身处流水当中，焦虑被一点一点地冲刷和洗涤。

5.想象自己就是流水，焦虑是一些杂质，被水中的鹅卵石一点点地过滤、沉淀，自己变得越来越纯净。

6.当你觉得可以了，结束训练，并感谢一下流水。

疗愈焦虑：引导你的生命能量

当你分析出来焦虑背后的缺失，你可能还是会焦虑，因为缺失还存在，还未得到弥补。但是，你至少不再混乱，也不再因为混乱而引发新一轮的焦虑，导致你焦虑的因素已经解除了两重，你的焦虑通常就可以得到控制。这时，在控制焦虑的同时，我们要通过行动来弥补缺失，从而更好地疗愈焦虑。

然而，行动力正是当下很多人所欠缺的。来看一个故事：

曾经有一位国王，他有一个愿望，就是希望能够成为世界上最英明的君主，于是他广招全国的贤人志士，让他们想尽办法收集世界各地的智慧箴言，回来之后编纂成册供他阅读。

这个工程非常浩大，持续了整整30年，贤人志士总共收集了5000册书籍。国王很高兴，但是很快就开始犯愁："这么多书我可看不完啊！这样吧，你们去帮我选，把那些最好的内容筛选出来！"

于是，这一忙活又折腾了15年，从5000本书筛选编纂出500本精品。可国王还是觉得太多："再选！"

又忙了10年，筛选出50本书，但是国王觉得还是没有精力看。又过了5年，一位满头白发的贤士带着一本书回来了，这可是精品中的精品啊，读这一本书就可以掌握全世界的智慧！

可是国王还是没有时间和精力看，这是为什么呢？

因为他已经垂垂老矣，只剩下最后一口气了，一本书也读不了了。

这是英国小说家毛姆在他的读书笔记里讲过的一个故事，也从侧面反映出人们行动力差的一个事实。

为什么我要强调行动？因为首先，在行动的过程中，焦虑作为一种能量会被消耗。其次，行动会分走你的一部分焦虑，将其转化为正向的情绪体验，当我们行动时，潜意识给我们传递出来的信号是“我是强大的，我是有力量的”。最后，在行动的过程中，很多未知和不确定都会得到落实，一旦落实，焦虑也会消失。这分为两种情况，一种情况是结果不如你所愿，另一种情况是结果如你所愿。无论是哪一种结果，焦虑都落了地，有了固着点，所以就不存在了。更有甚者，如果情况如你所愿，那么你会获得控制感，这种控制感也会增强你的信心，从而缓解你的焦虑。你的控制感越好，对焦虑的控制就会越好，到最后，你可以很好地控制和利用你的焦虑，体验更多的成就感以及自我价值感。

我曾经接诊过一位大四学生欣冉，导致她焦虑的原因是一个选择问题——是考研深造，还是就业。在咨询过程中我了解到，欣冉自己的意愿应该更偏向于读研深造，一是因为喜欢学校的环境，二是因为还没有做好进入职场的心理准备。然而她的同学们大部分都去参加工作了，并告诉她以后找工作不容易，研究生遍地都是，不值钱……说者无心，欣冉的情绪却乱了，她开始非常焦虑，内心这道坎儿就过不去了。

足足有几个月的时间，她备受煎熬，每天都在纠结中度过。其间，她咨询了朋友、学长学姐、父母以及网上愿意回答她问题的人，然而听到的建议越多，内心的焦虑情绪越严重。

在一次咨询过程中，我对欣冉说："我们先把选择放一边，无论你选择考研还是找工作，最近你都为此做了哪些准备工作？"

欣冉表示自己什么都没做，每天都在纠结焦虑中度过。

我告诉她，针对她的焦虑问题，解决的方法是行动起来。如果选择继续读研，那么你现在根本没有复习，能考得上吗？如果选择就业，你会发现校园招聘的企业越来越少，就业的难度也会增加。可以预见的结果就是，你的焦虑会因为迟迟没有行动而进一步加剧。

当我们分析出焦虑的原因之后，最关键的解决方法就是行动起来。除此之外，我们还可以辅以运动、艺术创作等方式，达到更好地缓解焦虑的效果。

与其等待万箭穿心，不如行动起来自救！

【心理训练】——疗愈焦虑

我们用前面提到的X的案例作为例子。通过分析，我们已经知道，X焦虑背后深层次的原因是“害怕不够好而被抛弃”，那么接下来我们就可以进行如下训练。

1.寻找自己的优点和闪光点，进行自我肯定和自我表扬，优点和闪光点要真实具体。写下你的优势：

____

2.求助身边的亲朋好友，求表扬，让他们多多表扬和肯定你。询问亲朋好友，将他们赞美的话记录下来：

____

3.假如自己的确不如别人做得好，那就敢于承认。之后，你可以选择接纳不够好的自己，待在原地；也可以选择接纳不够好的自己，然后行动，让自己变得更好。注意：无论自己做出哪种选择，都要避免评判和自责。

4.行动的时候将目标细分，一点点地去实现，每次实现都给予自己奖励作为肯定。

整体目标：

____

阶段目标1：

____

自我嘉奖：

____

阶段目标2：

____

自我嘉奖：

____

阶段目标3：

____

自我嘉奖：

____

每一次抑郁焦虑都预示着成长与突破

高鹏是一位高中生，因为重度抑郁、中度焦虑而求助，求助时已经休学一年了。经过协商，双方一起确定初期的咨询目标——一年之后开始恢复学习，其他的到时再根据实际情况慢慢调整。

一年之后，高鹏开始重新上学。最初的确比较艰难，高鹏觉得坐在教室里听不懂老师的课，自己也不想和同学交往，这种状态很煎熬，他想放弃，继续休学。咨询师坚持要求高鹏上学，只要坐在教室里就行，不想听课可以不听，不想交际也可以不交际。高鹏勉强同意，开始的时候只上半天课，下午回家休息，后来慢慢地可以坚持一个星期上三个整天，最后可以坚持上满一周，还包括晚自习在内，学习效率也开始逐渐提升。

在学习能力恢复的过程中，抑郁和焦虑还是会伴随着高鹏，但是他慢慢地可以控制抑郁和焦虑。两年之后，高鹏考上了一所有名的大学。回顾三年来的抑郁焦虑历程，高鹏说没想到自己还可以重新上学，更没想到自己还可以考上那么好的大学。这对于高鹏来说，是一个很重大的成长和突破，让他发现自己有无限的潜能，从而也让他有很强大的勇气和自信去面对未来的学习和生活。

在一般的意识层面，人们遇到抑郁、焦虑的情绪，往往会出现躯体反应，影响正常的生活和工作。本能的反应就是想赶紧消灭焦虑和抑郁，像别人一样，恢复如初。或者赶紧快乐起来，幸福起来。所以，在来访者登记表中，最常见的咨询目标就是：希望不再抑郁焦虑，希望可以想开一点，希望可以快乐起来……

大家都表现出一种要跟焦虑、抑郁隔绝的态度。

在心理咨询的过程中，当深入到一定程度时，我会询问来访者，假如一辈子都无法摆脱抑郁焦虑，你准备怎么办？

通常来访者一开始会表现出害怕、烦闷，慢慢地会说，那就带着抑郁焦虑生活吧。当来访者能真正发自内心地说出这句话时，说明他们真的接纳了抑郁焦虑。

我在这里不是要渲染抑郁焦虑的好处，我知道抑郁焦虑的确让人不舒服，让人痛苦，让人消耗很多能量做无用功，让人停滞不前。

我也不是要劝说人们去接纳抑郁焦虑，接纳不是靠嘴巴说说就能说服的。我想从更深入和高级一点的意识层面去看待抑郁焦虑这个问题。

我认为，抑郁焦虑是一个外在表现，其内在的**核心问题是个体的固有模式出现了问题**。个体的固有模式从出生开始慢慢建立、发展和巩固，这个模式构造了今天的我们，成了我们的一部分。模式也是一种秩序感，我们需要秩序感，因此也需要模式。如果没有秩序感，我们就会变得杂乱无章，泛化的焦虑就是缺乏秩序感的表现，而抑郁则是秩序感太过僵化和顽固，缺乏一些弹性和可调整的空间。

因此，调整抑郁焦虑，核心是在调整模式，即调整秩序感。

举个例子，一个从小就经常目睹父母吵架、打架的孩子，他内心通常是恐惧的，因为担心父母的暴力冲突会伤害自己，也担心父母会因为这样的暴力冲突而关系破裂导致自己被抛弃，无论是生理上还是心理上，孩子都是弱小的，都是需要依赖成年人生存的。

为了生存，也为了避免被伤害和被抛弃，孩子可能就会发展出一个应对模式，那就是讨好父母，尽量让父母高兴，不要吵架和打架，而在讨好的过程当中，孩子的需求可能是被压抑的，比如他在某些时刻其实很愤怒，但是他不能表达，因为他担心自己的愤怒会让父母不高兴，从而引发他们的暴力冲突。这种出于保护自己的本能反应而习得的压抑模式，伴随着孩子的成长，孩子不仅这样去应对父母，也会这样去应对其他的人际关系，时间越久，压抑的情绪越多，触发抑郁焦虑的概率就会越大。

在这个例子当中，孩子的压抑模式也是一种秩序感，这种秩序感让他得以保存自己，并且维持相对安全和正常的生活，但是这种秩序感也像一堵墙，越来越密不透风，随着情绪的累积越来越让人紧绷和窒息，最后导致抑郁焦虑的爆发。

因此，在处理这样的抑郁焦虑时，**核心是要打破这种长期形**

成的秩序（模式），重新建立新的秩序（模式）。所以，很多时候，我们说心理咨询的过程是在摧毁和重塑“三观”的过程。当然，打破旧秩序的过程也是在摧毁安全感的过程，哪怕那种安全感其实可能是禁锢人的心灵，让人生病的，但出于本能的对于安全的需求以及对于未知的恐惧，人们还是会产生焦虑情绪。这时，不打破让人抑郁，打破又让人充满焦虑，抑郁和焦虑通常就会同时存在，此起彼伏。

有些孩子是抑郁症的家长或者朋友是抑郁症的人会反映说，自从孩子或者朋友做了心理咨询，似乎性情大变，以前很温和内敛，和周围人关系很好的，突然变得脾气暴躁，充满攻击性，这个就是旧有的压抑模式被打破，新模式重新建立的表现。

从成长的历程来看，这是必经阶段，而且新模式也会慢慢地不断调整，最后可能还是回到外在表现让人感觉舒服的状态，但不再是那种旧有的压抑模式，而是一种新的让自己舒服也让别人舒服的模式。也有可能不会回到那种外在表现让人舒服的状态，但那是让他自己舒服的状态，这也是一种模式。心理咨询的过程，不仅是个体融入社会（社会化）的过程，也是挖掘个体独特性（个性化）的过程，将普通和独特进行整合，这也是成长。

如果人们不愿意打破旧秩序，重建新秩序，几十岁的成年人还在继续四五岁习得的模式，那么从心理和情绪层面来看，这个成年人的确在四五岁的时候就停止了成长，潜意识里，他被困在了那个年龄段，即便年龄长大了，但是处理内在关系的模式还是四五岁时的模式。这就是人们常说的“内在小孩”或者“巨婴”。

随着秩序感的慢慢建立、维持以及巩固，抑郁焦虑自然就会随之缓解并处在可控的范围之内。当然，新秩序也会随着时间的推移变旧，所以你可能需要不断地调整，与时俱进，你的焦虑抑郁也是，但只要具备一定的开放性和灵活性，你的抑郁焦虑还是可控的。

准确地说，如果你一直保持往前成长的心愿和理想，那么就意味着你会面对源源不断的未知，而抑郁焦虑就是会伴随着未知而存在的。所以，成长的过程，就是充满抑郁焦虑的过程。通过深入探索抑郁焦虑的核心，你会获得新的更深入、更开阔和更高级的意识，从而去指导你的人生。抑郁焦虑也是一股内驱力，推动人们探索自己，从而成为更好的自己。

从更高级的意识层面来看，每一次抑郁焦虑都在预示，你又要有所成长和突破了。

第四章

强迫自疗

——梳理你的能量秩序

了解强迫：强迫是什么？

强迫，是指强制和被迫，是一种意识层面知道不需要或者没有必要，但是潜意识层面忍不住或者不得不做出的强迫思维或者行为，这种控制与反控制是一种冲突，在带来痛苦的同时也通常会带来焦虑和抑郁情绪，严重的也会影响正常的生活和工作。比较常见的强迫思维如反复不断地回想一个画面或者一个事件，不断地需要别人确认同一个问题，觉得世界很肮脏到处都是病菌会让自己生病等。比较常见的强迫行为如反复检查，反复阅读，反复洗手，或者必须在某个时间做某件事情，否则就会情绪崩溃等。

强迫症主要由强迫思维与强迫行为两部分组成，其中强迫思维包括以下方面：

强迫性穷思竭虑。对一些抽象问题进行无休止的、过分的、无结果的思考。例如，“地球为什么是圆的？”对于这类问题，患者明知道没有必要，但就是没办法停止思考，想不明白就难受、焦虑。

强迫怀疑。对自身言行不确定，反复产生怀疑的想法。例如，“锁车了吗？”“门锁好了吗？”明明知道自己已经锁车了或锁门了，但就是怀疑没锁，并深受其扰。

强迫回忆。患者的脑海中会反复回忆发生过的事。

强迫表象。脑海中经常出现不应该呈现的形象，例如不断产生不被允许的性幻想。

强迫对立思维。脑海里总是出现与他人相反的观念。例如，别人说“优秀”，便想到“平庸”；别人说“成功”，就会想到“失败”。

强迫恐惧。患者担心自己会发疯，或者是做出违法的事情。

强迫意向。内心有强烈的内在驱动力去做某事，但是从不行动，自己则深受焦虑情绪的困扰。例如，总想大哭一场，或者在人群中大喊几声，但是并不付诸行动，仅仅是一种意向而已。

攻击性强迫想法。担心自己会伤害自己、伤害他人。

污染性强迫想法。接触某样东西之后，总是担心自己被细菌污染。

存储类强迫想法。认为很多物品今后可能都会用到。

常见的强迫行为包括：

强迫计数。不可控制地计数，如数台阶，一旦漏掉一级就要重新计数，否则就会不安。

强迫仪式动作。日常活动之前，要做一套固定的仪式动作，例如睡觉之前必须先脱上衣，再脱裤子，然后叠好再睡觉，否则就会感到不安。

清洁行为。反复长时间洗手、洗澡、洗衣服等。

检查行为。例如，反复检查门窗是否关好，汽车是否锁好等。

存储行为。什么都舍不得扔，储存了很多没必要的物品。

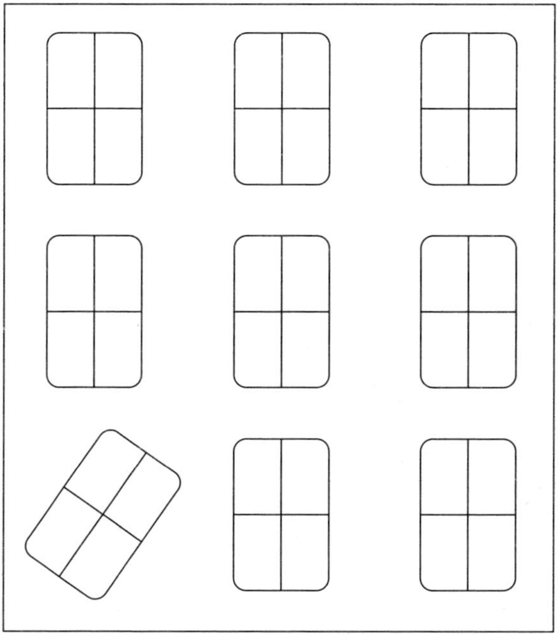

怎么样，你受得了吗？

【心理训练】——耶鲁布朗强迫严重程度量表

耶鲁布朗强迫严重程度量表（Yale-Brown Obsessive Compulsive Scale，Y-BOCS）是美国古德曼（Goodman）等人根据诊断标准制定的用来测定强迫严重程度的量表，也是临床上使用的评定强迫症的主要量表之一。

以下版本为了避免误解，在原文基础上进行了相应修订。

【说明】

第1—5题是强迫思维，第6—10题是强迫行为，请依照你过去一周的实际情况进行答题，并在完成全部题目后，累积所有的数目，以此作为判断症状严重程度的依据。

A.强迫思维部分

1.每天强迫思维的时间或频率（　）

0=完全无强迫思维（选择此项，则第2题、第3题、第4题、第5题也会选0，可直接作答第6题）

1=轻微（少于1小时），或偶尔有（不超过8次/天）

2=中度（1—3小时），或常常有（超过8次/天，但一天中大部分时间没有强迫思维）

3=重度（3—8小时），或频率非常高（超过8次/天，且一天中大部分时间有强迫思维）

4=极重（8小时以上），或几乎每时每刻都有

2.强迫思维对学业、工作、社交或日常活动任意一项的妨碍（　）

0=不受妨碍

1=轻微（稍微妨碍，但整体表现并无大碍）

2=中度（确实妨碍，但仍可应付）

3=重度（上述某一项或多项功能严重受损）

4=极度（上述某一项或多项功能丧失）

3.强迫思维带来的苦恼或困扰（　）

0=没有

1=轻微

2=中度（尚可应付）

3=重度

4=极重（持续地感觉如同废人）

4.与强迫思维的抗衡（　）

0=无须抗衡

1=基本能与之抗衡

2=有时能与之抗衡

3=经常屈服

4=完全屈服

5.对强迫思维的掌控（　）

0=完全能控制

1=大多能控制

2=中等程度控制

3=很少能控制

4=完全无法控制

B.强迫行为部分

6.每天发生强迫行为的时间或频率（　）

0=完全无强迫行为（选择此项，则第7题、第8题、第9题、第10题也会选0）

1=轻微（少于1小时），或偶尔有（不超过8次/天）

2=中度（1—3小时），或常常有（超过8次/天，但一天中大部分时间没有强迫行为）

3=重度（3—8小时），或频率非常高（超过8次/天，且一天中大部分时间有强迫行为）

4=极重（大于8小时），或几乎每时每刻都有

7. 强迫行为对学业、工作、社交或日常活动任意一项的妨碍（请考虑因为强迫行为而不去做或减少做的事情）（　）

0=不受妨碍

1=轻微（稍微妨碍，但整体表现并无大碍）

2=中度（确实妨碍，但仍可应付）

3=重度（上述某一项或多项功能严重受损）

4=极度（上述某一项或多项功能丧失）

8. 强迫行为被制止时的焦虑程度（　）

0=没有焦虑

1=轻微

2=中度（仍可以应付）

3=严重

4=极度

9. 与抗强迫行为的抗衡（　）

0=无须对抗

1=基本能与之抗衡

2=有时能与之抗衡

3=经常屈服

4=完全屈服

10. 对强迫行为的掌控（回想那些控制强迫行为的情境，以

便回答此题）(　　)

0= 完全控制

1= 大多能控制（只要稍加注意即能停止强迫行为）

2= 中等程度控制（注意虽能控制但有困难）

3= 控制力弱（只能忍耐短暂的时间，但最终还是必须完成强迫行为）

4= 完全无法控制（连忍耐短暂时间的能力都没有）

选择完毕后，请将选择的数字相加得出以下三个分数

A. 强迫思维部分总分（　　）

B. 强迫行为部分总分（　　）

C. 强迫思维和强迫行为两部分总分（　　）

结果说明

轻度——两项总分6—15分（单纯的强迫思维或强迫行为，仅需要6—9分）

强迫症轻度患者，其症状已经对学习、工作、生活造成一定的影响，患者的症状会随着环境和情绪的变化不断的波动，建议尽早治疗，以免恶化。

中度——两项总分16—25分（单纯的强迫思维或强迫行为，仅需要10—14分）

强迫症中度患者，其症状已经对学习、工作、生活造成明显影响，严重者会出现抑郁甚至自杀念头，必须接受心理治疗或者药物治疗。

重度——两项总分25分以上（单纯的强迫思维或强迫行为，

仅需要15分以上）

强迫症重度患者已经完全无法执行原有的角色功能，甚至连衣食住行等基础生活功能都无法执行。患者已经无法出门，不断强迫思考，并执行强迫行为。重度严重的患者极易出现抑郁症状，通常需要强制治疗。

（此测试结果仅供参考，不代表临床诊断）

追溯与分析：强迫是怎么来的？强迫背后是什么？

强迫的核心表现是控制与反控制的斗争，再继续深入，其本质是能量的过度固着，而过度固着就会导致能量失去秩序和平衡，陷入混乱的状态。这时候需要将其与焦虑的混乱区分开来，虽然两者都是能量的混乱，但是不同点在于，强迫的混乱在于过度固着，而焦虑的混乱在于无处固着。也就是说，强迫症已经找到了一个固着点，这个固着点就是某种强迫思维或者行为，而焦虑症则没有。过度固着和无处固着都容易导致问题，所以我们进行心理调适，最终的目的不是要消灭固着，而是要让固着保持适度和平衡。

强迫症常见的诱发点可能是在工作、学习或者人际关系中面临的压力大，但这只是导火索，属于表层原因，要知道，面对同样的情况，有些人可能出现的是抑郁症或焦虑症。所以，我们需要深入探究，到底是什么导致了不一样的结果？

弗洛伊德在《精神分析引论》里深入地阐述过强迫症通常与性禁忌以及性罪恶有很大关系。

强迫症最明显的特征是“反复”，人们反复清洗是因为潜意识认为有脏东西的存在。肉眼可以看得见的“脏”对于他们来说都不是真的脏，因为可以看得见的“脏”是可以定性定量的，只要洗掉就可以了。唯有看不见的“脏”，才是最致命的。因为看不见，无法定性定量，只能凭主观臆想。

洁癖的“脏”比较明显，通过明显的清洗行为来处理，而其他强迫思维以及行为的“脏”似乎就比较难以理解，因为没有“清洗”这个动作，不过仔细深入思考，“反复确认”其实就是一种试图梳理秩序、整理秩序的过程，这只是换了一种方式的“清洗”。

而什么是看不见的“脏”呢？生理医学范畴的，大到一坨屎，小到一个细菌病毒，只要你想确认，都可以通过技术检测出来，都是可以被看得见的。但是，你看见了，却不相信，这就是你深层的潜意识里有一种“固着的脏”。这种“固着的脏”是超越细菌病毒的无形的东西。

什么东西是无形的，但又会给人“脏”的感觉？

答案是性。

因为性行为通常是在封闭、黑暗、隐私的场所发生的，所以人们对性的印象就会和环境结合起来，封闭和黑暗通常会给人一种试图掩饰肮脏和丑陋的藏污纳垢的不洁感。如果人们小时候见过父母的性行为，或者不幸遭受性侵又没有得到及时的心理调整和修正，就容易产生性罪恶感，认为性是丑的、恶的、有罪的，与性有关的人都是羞耻的、丢脸的。泛化起来，就会认为父母是肮脏的，异性是肮脏的，自己也是肮脏的，所有人和物都是肮脏的，世界就是肮脏的。

这种泛化而又根深蒂固的“脏”就导致了各种形式的强迫症。

曾经有一位年轻的女性患者前来咨询，她认为自己有洁癖，总是强迫自己不停地洗手，每天要洗三次澡，总是觉得手上有脏东西，身上不干净。不仅如此，出门之前她总是反复检查门窗是否锁好，接触东西之后就会用消毒纸巾反复擦拭，这给她的生活带来很大麻烦，非常痛苦。

通过交流，我了解到她在小学时曾遭到成年人的猥亵，当时年龄太小并不知道那个叔叔为什么要这样做，但从此就对男性产生了恐惧，除了父亲很少与其他男性接触。

至于发病，是从大学时期开始的，也许之前就已经出现了症状，只不过她没有在意。大一的时候，一位同班男生追求她，她也很喜欢对方，两个人相处了一段时间。大二的时候，有一次，这个男孩在看电影的时候突然抱住了她，这让她突然想起了曾经的那段经历，从此病症发作。

在患者的潜意识里，她想通过洗手、洗澡这种方式把自己“肮脏”的过往清洗干净，从而获得安全感。

遭遇过心理创伤的患者，尤其是在性方面受过侵害的，很容易泛化地认为所有人和物都是肮脏的，从而演变为强迫症，不仅给生活带来很大麻烦，还会影响人际关系，因此一定要尽早就医。

接下来，我们看看到底是什么导致的强迫行为，它的背后是什么？

还是以强迫性洗手为例，当你接纳自己的强迫性洗手并清洗完之后，问问自己："这次我为什么洗手？"

回答可能是："因为我刚刚碰了一下某个写字楼大门的门把手，我觉得很脏，所以要洗手。"

问："'脏'让我联想到什么？"

答："会致病的细菌、艾滋病病毒、肝炎病毒、癌症……"

问："艾滋病病毒会让你联想到什么？"

答："性（具体描述与性有关的性交场景、人物、感受）。"

问："所以是性让你感觉特别肮脏？你要洗掉的是性？"

答："……"

通过挖掘，我们可能会发现，**性只是一个载体，更重要的是你赋予了这个载体什么意义**。当你意识到你的潜意识赋予的这个意义或者意识到你无意识地认同了集体潜意识赋予的意义，如羞耻、罪恶。这时请重新思考，性的意义真的是这样的吗？它还有别的意义吗？

事物是简单的，也是复杂的，多层次、多维度去思考和理解性的意义，也会帮助我们从理性认知层面去理解性，进而为下一步的行动做铺垫。

【心理训练】——强迫追溯

从最近出现的强迫行为开始回忆，一直追溯到童年时期，如果导致强迫行为的事件比较多，选择那些对你影响最深的事件。

最近出现强迫行为的事件：

____

____

____

结婚生子之后出现强迫行为的事件：

____

____

____

进入职场之后出现强迫行为的事件：

____

____

____

学生时期出现强迫行为的事件：

____

____

____

童年时期出现强迫行为的事件：

____

____

____

接纳强迫：和强迫相处

接纳强迫与接纳抑郁焦虑一样，很不容易，甚至更难。

如果一般人认为有抑郁焦虑就是脆弱的表现，因而不愿意承认和接受自己的脆弱的话，那么与强迫直接相关的性就更让人讳莫如深，加之中国悠久强大的伦理道德文化传统，个人意识和社会意识、个体潜意识和集体潜意识，都在有意无意地压抑性，这导致问题处理起来更棘手。

作为个人，我们在短时间内无法改变社会意识和社会文化，所以只能从自身着手，改变自己。

加拿大拉瓦尔大学的研究人员在1995年做过一项有关强迫症的实验，研究人员找来两组志愿者，其中一组志愿者被告知这次实验的结果无足轻重，只是普通的练习而已；另一组志愿者被告知这是事关生死的大事，因为有一家医药公司准备将产品投放市场，这次实验需要了解不同颜色是否容易分开。

不出所料，第二组志愿者花费了更长的时间用来反复检查，随之而来的则是焦虑、担忧等情绪方面的困扰。

很多时候，我们就像第二组志愿者一样，在某些被我们看作重要或者危险系数高的人或事面前，往往会变得更加谨小慎微，而这些在我们眼里看来非常重要的人或事被过多地关注后，往往会被披上强迫的外衣，成为强迫症的帮凶。

再举一个例子，一群淘气的孩子总是在午后跑到你家后院玩耍，一会儿踢足球，一会儿玩捉迷藏，甚至还有淘气的家伙用弹弓子崩你家玻璃，搅得你没有片刻安宁，你的午睡泡汤了。

当你睡意全无，准备集中精力处理其他事情时，这群孩子的叫喊声更凶了。这时，你很愤怒，去找他们理论，结果孩子们只是暂时离开，一会儿又回来了，而且变本加厉，闹得更凶了。

反复折腾了几次，你快被气疯了，却束手无策。

假设这群淘气的孩子就代表了强迫症，而你则深受其扰。然而，爱玩是孩子们的天性，如果你试着从这个角度去理解，就可以更好地“接纳”他们。

对待淘气的孩子，真正有效的方法并不是指责他们、跟他们争吵，也不是忍气吞声地瞪着眼睛盯着他们，而心里念叨着“我要接纳”。这不是真正的接纳，真正的接纳源自了解之后的释怀与宽容。当你了解了孩子爱玩的天性之后，你就不再那么固执地看待问题，而是通过变通让自己释怀。你需要改变抵抗与争斗，你可以陪孩子们一起玩耍，这时你已经不再是抵抗，而是真正地接纳并融入其中。

强迫症相对于抑郁症和焦虑症不那么具有普遍性，不是人人都会体会得到，所以对于很多从未体验过强迫的外人来说，可能会难以理解，所以很多人会对强迫症患者说：“你没有必要这样”“你没有必要那样”“你想的那个坏结果不会发生的”……

这种理性说教也会给强迫症患者带来困扰，因为他理性上也是知道这个道理的，但是他做不到，他没法通过理性控制自己，而且通常越是想要控制，结果越糟糕。所以，对于强迫症患者，接纳的第一步就是**放弃理性说教，放弃控制。**

比如，如果你就是经常要洗手并且在洗手的同时计数，否则就会很难受，那你就顺其自然。这样做的好处是，避免因为想控制而又控制不住导致的焦虑和抑郁。

第二步是尝试体会和理解因为强迫而产生的焦虑抑郁情绪，这一点在前面两章讲过，不再赘述。

第三步是可以尝试将强迫思维或者行为记录下来，就当作是和自己玩游戏。比如，今天洗了多少次手？每次洗手时是几点几分？计数计了多少？每次结束之后自己的感受是怎样的？联想到了什么？最后，每天、每周、每月做一个统计。可以利用下面这个表格来记录。

每周洗手情况统计表

	周一	周二	周三	周四	周五	周六	周日
时间							
原因							
次数							
感受							
联想							

【心理训练】——接纳强迫

把强迫症想象成一个你很讨厌的人，而且你知道这个家伙肯定会来纠缠自己，而你越是抵抗他，他就越是变本加厉地纠缠你；你越是逃避，他就越是死死地跟着你。唯有接纳，才能让你缓解焦虑。那么，具体应该怎样做呢？

1.学会放松，不去理会，忽视它的存在

写出导致强迫症的人或事：______________________________

在接下来的60秒内，试着自我放松，不去想，忽视它的存在。持续这个练习，并不断延长时间。

2.安静地感受

当强迫念头产生时，什么也不做，就像被人纠缠时，不抵抗，不逃避，也不理睬，直到对方自知无趣而走开。你可以躺在床上，就这样静静地感受，什么也不做，什么也不想，体会被焦虑、恐惧包围的感觉，体会想要立即执行强迫行为的冲动。

慢慢感受这一切消退的过程，养成习惯，当再次出现强迫念头时，反复采用这种方法。

3.调整认知

很多时候，强迫行为的发生在患者对事情发生的概率以及可能发生后果的误判。例如，购买一件昂贵的商品之后，把小票弄丢了，你担心如果出现问题无法退换，因而被这件事反复折磨。实际上，现在很多商家都有电子凭证，以此就可以退换商品，这就是一种认知上的改变，了解这一点可以帮助你更好地接纳强迫。

疗愈强迫：梳理你的能量秩序

分析了性背后的羞耻和罪恶之后，接下来我们可以通过行动来直面和处理，从而重新梳理你的能量秩序，实现强迫的自我疗愈。

先来看一个案例：

花花因为亲密关系障碍求助，通过深入了解之后，咨询师发现其存在强迫思维和行为。在咨询师讲到强迫症与性罪恶和羞耻有关时，花花联想到大概8岁的时候，曾经半夜三更撞见父母做爱。当时她懵懵懂懂，似懂非懂，以为是爸爸在欺负妈妈，同时看到父母赤身裸体，又觉得很羞耻，很丢脸。因为当时环境很黑，让她觉得很恐惧。

这个画面植入花花潜意识里的观念是：男性是暴力的，性是恐怖的、羞耻的，坚决不能碰。此外，在花花成长过程中，家长和学校教育一直对性这个话题避而不谈，对其与异性之间的交往很敏感也很反对。老师曾经因为撞见花花和一个男同学撑同一把伞，而在第二天的课堂上对全班同学进行思想教育，虽然没有点花花的名，但花花明白老师说的就是自己。

从小深埋在花花潜意识里的性羞耻和性罪恶加上后来不断的强化和压抑，导致花花长大之后不喜欢异性触碰自己，觉得脏，一旦被触碰，就会本能地生出恶心和厌恶感，然后就要开始清洗行为。

一想到自己喜欢的男生以后也会要求与自己发生性关系，花花就会立刻逃跑。花花也会自慰，但是每次自慰之后都觉得自己“脏”“不要脸”，陷入自责，但下次有性冲动时还是会继续自慰，然后又继续自责，如此循环往复。

咨询师在倾听、理解、接纳之后，建议花花先停止自我评判和自责，并鼓励花花重新认识自己的身体，特别是性器官，重新认识性本身。后来花花慢慢从理性层面接受了性，再到实现情感认同，她的焦虑得到缓解，强迫思维和行为也在减少，目前正在尝试和异性建立亲密关系。

具体方法如下：

首先，从行动层面去正视性，比如认识自己的身体以及异性的身体，不仅通过书本，也通过在实践中观察和触摸自己的身体包括性器官，如果有亲密关系的，再加上另一半的身体。

其次，有意识地尝试去观看和欣赏爱情电影，体会性在爱情当中的升华。

最后，在自慰或者与爱人做爱时，营造美好的性爱氛围，在此过程中多多关注自己（及对方）的感受和需求，并及时做出调整，达到舒服和满意的状态。当我们可以身心统一地享受以后，那么，所谓的“肮脏”也就不存在了，也就无须再去“清洗”了。

【心理训练】——强迫疗愈

1.观察自己的身体，触摸性器官，并记录感受：

____

2.如果拥有亲密关系，观察另一半的身体，触摸对方并记录感受：

____

3.观看爱情电影，体验性在爱情中的升华，记录观影之后的感受：

____

4.如果拥有亲密关系，体验其中的感受，并进行记录：

____

第五章

上瘾行为

——在潜意识的深处呼唤爱

了解上瘾行为："瘾"是什么？

萌萌年轻漂亮，爱慕者众多，最后她选择了其中一个曾经有赌瘾的男朋友结婚。开始时，两人有房有车，生活过得很幸福。后来，丈夫赌瘾发作，天天不着家，萌萌每天下班之后回到空荡荡的家里，感觉孤独寂寞，于是她也开始出去赌博，最后夫妻俩把房子和车子都卖掉了来偿还赌债。

好不容易还清了赌债，萌萌继续刷信用卡赌，她说，赌博能给自己带来刺激，能让她感到兴奋，这是在现实生活当中无法得到的。同时，萌萌也渴望自己可以一夜暴富，成为千万富翁，这样就可以想要什么就要什么，想过什么样的生活就过什么样的生活。

咨询师问萌萌，你到底想要过什么样的生活？她想了一下说，温暖的，有爱的，同时又不乏激情的。咨询师问，你从来没有试过这样的生活吗？萌萌回答说，没有，从小她的父母就比较木讷寡言，家庭氛围一直很冷漠，从来不知道爱为何物。结婚之后刚开始还可以，但是后来慢慢地似乎又在重复原生家庭的那种冷漠模式，这让她感到绝望，而赌博让人热血沸腾，远离冷漠，这一点让她非常痴迷，并且难以自拔。

生活中的“瘾”随处可见，烟瘾、赌瘾、性瘾、游戏瘾（通常指网络游戏）、手机瘾、电视瘾、厌食瘾，等等，只要某种行为模式对正常的工作生活造成了影响，损害了人的社会功能和身心健康，都属于上瘾行为。

上瘾行为的外在表现形式广泛多样，但是其本质是一致的，都是情感缺失的表现。

人们之所以对某种东西或者行为上瘾，是因为那种东西或者行为可以让他从中得到乐趣和满足。比如烟瘾，人们爱抽烟是因为抽烟可以缓解并掩饰焦虑紧张的情绪；又如赌瘾，人们在赌博过程中可以体验刺激和冒险的感觉，还有可能一夜暴富，体验坐拥一切的荣耀感和掌控感；再如性瘾，性行为是人际关系中最亲密的接触行为，这种最亲密的接触可以填补人们情感上的空虚和荒芜。此外，还有游戏瘾（网络游戏），一方面，在虚拟的网络当中，人们看不到彼此的真实面目，没有被人注视的焦虑感和紧张感，人际交往变得简单和轻松；彼此不介入对方的现实生活，不存在现实冲突，人际关系相对比较安全。另一方面，完成虚拟任务可以让人得到在现实生活当中得不到的认可、肯定，从而获得荣誉感和成就感，增强自信心等。

其他上瘾行为大体类似，细节部分需要具体问题具体分析。

了解了上瘾行为满足的情感需求之后，我们就可以倒推出其背后的情感缺失：

抽烟缓解或掩饰的焦虑紧张反映出对未知的不安和恐惧；

赌博带来的刺激、冒险以及有可能的荣耀和掌控反映出生活平淡无趣、自卑和挫败感；

性瘾反映出缺乏爱和温暖；

网络游戏成瘾反映出脆弱的人际关系、自卑、逃避现实；

……

无论是哪种情感缺失，本质上都是缺爱。

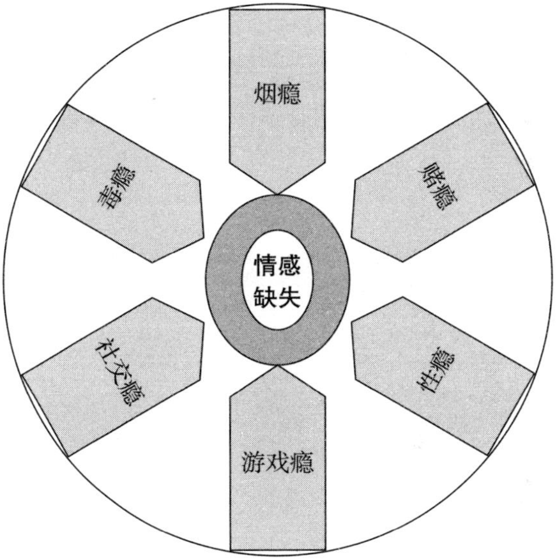

要想戒瘾，需要爱。这个爱，不仅需要他人给予，更需要自己给予。

另外，需要将用于上瘾行为方面的精力转移到人际关系上面，如亲密关系、亲子关系、朋友关系、同事关系等；也可以转移到另外一些兴趣上面，如体育运动、绘画、乐器、摄影等。

除此之外，还有以下这些不错的方法可以尝试。

远离诱惑的环境。例如，看到甜食就想吃，哪怕自己已经很胖了。一个人独处时总是无法控制自己，想要看色情网站。这种情况下，不妨试着改变一下环境，从而远离诱惑。你可以把甜食都收起来，在空闲时找人聊天，不给自己独处的空间，等等。

逆向拆解上瘾体验。这就要求知道自己是如何上瘾的，然后反向推理，从而尽量减少或避免上瘾行为。例如，每次运动过量时就习惯抽烟放松，通过反向推理，可以控制自己的运动量，不要过度运动，从而避免因此而抽烟。

利用负面反馈。例如，你喜欢吃辣火锅，但是每次吃完都后悔，因为第二天一早要蹲很久厕所。当你再次嘴馋时，可以回想那种火辣辣的痛苦感受，利用负面反馈的力量阻止自己。

利用好习惯代替坏习惯。例如，你习惯每天下班之后打游戏，一直到很晚才睡觉，你觉得人生毫无意义，想要改变。这时你可以培养一些其他习惯，如读书、听音乐等。一开始改变并不容易，你可以选择远离诱惑的环境，如培养夜跑的习惯。

【心理训练】——上瘾行为记录

每天抽几支烟：

____

每天喝几杯咖啡：

____

每天在线社交的时间：

____

每天玩电子游戏的时间：

____

每天刷剧、刷朋友圈的时间：

____

每天看电子小说的时间：

____

烟瘾：我的焦虑谁能懂？

精神分析鼻祖弗洛伊德在《性学三论》里面说，人们有烟瘾，是因为0—1岁时的口欲期受阻，所以成年后通过抽烟这个行为来进行补偿。口欲期是指婴幼儿通过嘴唇来探索世界的一个时期，主要通过吮吸这个动作来进行，包括吮吸母亲的乳汁、吮吸手指等。比如，常见的吮吸手指，父母会觉得脏然后不让婴儿吮吸，这就会导致吮吸受阻，进而导致能量的淤积阻塞，引发焦虑，而抽烟就与焦虑紧密相连。

该理论给我们的启示是在养育孩子的过程中，需要好好保护他们的口欲期，让他们顺利度过，这可能对烟瘾以及与嘴有关的瘾有很大的预防作用。

口欲期没有过好的成年人，容易因为焦虑固着在嘴唇上而形成烟瘾。既然这个客观事实已经造成，我们可以继续根据客观事实深入和细化：烟的口味、抽烟的频率、抽烟的速度都与焦虑程度密不可分：口味重的，引发的焦虑会重，相应地，焦虑重的时候，口味也会重；抽得越多越焦虑，越焦虑抽得越多；速度越快越焦虑，越焦虑速度也就越快。

最常见的重口味的烟焦油含量在13—16毫克，最轻的是1毫克；烟瘾大的人可能一天抽几包，烟瘾小的人可能几天才抽一根；抽烟速度快的人可能1—2小时抽完一包，抽烟速度慢的人可以把一根烟熄灭两三次，连着抽两三天。

抽烟是一种奇妙的体验，除了缓解焦虑，还可以让头脑清醒，也可以让人安心地发呆和放空，人们在抽烟时有时会想到很多好点子。焦虑、发呆、放松，这些看似很矛盾的情绪混合在了一起。有人说，焦虑的状态怎么可以发呆和放松呢？发呆和放松的时候又怎么会焦虑呢？抽烟就起到了这样的连接效果，让人从焦虑走向发呆和放松，也会让人从发呆和放松走向焦虑。

所谓的烟瘾，就是被烟控制了，或者说是被焦虑控制了。

想要摆脱这种控制，首先要有意识地体验被控制的感觉，即接纳自己的焦虑状态。

Q因为抑郁症求助，深入做了若干疗程之后，他认为抽烟对其造成很大的困扰，于是想要戒烟，但又因为戒烟带来了更多的困扰。抽烟会引发焦虑，而焦虑又会导致他抽更多的烟，这个恶性循环不仅影响了他的健康，还会导致自责，让他感觉很糟糕，而这又会加重抑郁情绪。

咨询师建议其先观察记录自己每天的抽烟量，然后慢慢减少，同时慢慢有意识地选择焦油含量逐级递减的烟草。另外，要避免跟抽烟的朋友待在一起。两个月之后，Q还在抽烟，但不再像以前抽得那么多，并且能自主控制烟量，也不再自责，这给其带来一定的掌控感，抑郁焦虑大大缓解，身体也变得轻松许多。

抽烟会引发焦虑，焦虑会导致更多地抽烟，这是一个恶性循环，所以一定要尽早戒烟。这不是一件容易的事，对于有意戒烟的患者来说，要认真体验戒烟的不适。

刚开始可能会感觉喉咙痒痒的，像是有蚂蚁在咬，心也是躁动的，像是要跳出胸腔一样，感觉焦虑暴露在了光天化日之下，屏着呼吸忍受了一段时间（这段时间可以做一些让人容易沉迷的事情，如看电影、看小说、做运动等，最好不要做会影响正常生活工作的事情，如打游戏等，否则，你戒完烟瘾可能又需要戒游戏瘾），痒痒和焦虑的感觉慢慢变得可以接受，心也开始变得比较沉稳。

你知道焦虑依旧存在，但是你并不着急一定要把它赶跑，你要让焦虑继续暴露，露出狐狸尾巴，如果你能处理就处理，如果你不能处理就不处理，就让焦虑自己待着。

当你很坦然地接受焦虑的存在，虽然焦虑依旧存在，但是你已经不在意它，它也不再困扰你。这时，你就不再需要香烟来掩饰和回避焦虑了，于是你就不需要抽烟了，自然而然地，你就把抽烟这个行为放下了，烟也就戒了。

但是你并不需要告诫自己一定不能再抽烟，你可以告诉自己：以后如果你想抽烟，还是可以抽的，你不想抽的时候，也还是可以不抽的。你不需要因为别人都说抽烟有害健康所以不抽，也不需要因为别人要求你不抽烟就出于叛逆而去抽。

你是自由的。

所以，**重点不是你以后会不会再抽烟的问题，而是你可以自由地控制抽烟这个行为。**

一些人想要戒烟但是无法戒掉，一方面是因为**过于严格地要**

求和控制自己，把抽烟作为一个禁忌来对待。然而，越是禁忌，内心越是想要去试探和打破，就像所有童话里不可以进入的房子，最后主人公都进去了；另一方面是因为很多人的**耐受力不够好**，对于焦虑情绪无法耐受，所以导致了戒烟的失败。

所以戒烟也是一个充满心理学意味的行为，看似在戒烟，实际也是在调节焦虑，调节对外界的过度依赖。

这是一个认识自己，理解自己，包容自己的对话过程，也是一个从接纳走向和解，再走向真正自由的过程。

除了上述内容，我们再介绍几种戒烟的方法以供参考：

当你犯烟瘾时：

- 运动
- 多喝水
- 深呼吸
- 喝咖啡
- 利用健康的习惯替代

尝试新的、健康的习惯。许多吸烟的人都会说："饭后一支烟，赛过活神仙。"这样的坏习惯已经根深蒂固，很难在短时间内改变。这就需要逐步培养全新的习惯，比如饭后立即离开桌子找点事干，如洗碗、散步等让你不去想抽烟的事。

利用咖啡作为替代品。很多人抽烟的目的是保持头脑清醒，如果是这个目的，完全可以利用咖啡替代。这也是一个逐渐养成习惯的过程，让咖啡逐渐替代香烟。

犯烟瘾时试着深呼吸。深呼吸能减缓心率，有效抑制吸烟的欲望，具体方法如下：深深吸气5秒钟，然后慢慢呼出，同样维持5秒钟。

饮水戒烟法。想抽烟的时候多喝水，喝饱了也许就没有抽烟的欲望了。

运动戒烟法。犯烟瘾时就去运动，很多人嫌运动麻烦或者抱怨没时间，实际上还是太懒了。你没时间跑步，可以做几个仰卧起坐、俯卧撑，练练哑铃，或者出去散个步。当你养成运动的习惯之后，你还会发现很多自身健康的变化。

【心理训练】——抽烟体验与戒烟记录

当你抽烟时，你的身体有什么感觉？

抽烟让你联想到什么？

面对联想，你有什么感觉？

仔细体会那种感觉，直到那种感觉消失。

当你决定戒烟时，可以尝试循序渐进，避免立刻就完全不抽。限制过于严格也很容易造成反弹，而且反弹起来可能比会原来抽得更厉害。可以减少买烟的频率，只要还可以忍受就不买，如果无法忍受了，那就买。记录自己抽烟的频率和感觉。

日期：____________________

抽烟数量：____________________

感觉：____________________

减少或者增加的数量带给你的感觉：

____

酒瘾：让我放松让我释放

中国人崇尚酒桌文化，喜欢寄情于酒，中国古代的文人里，李白很喜欢喝酒，看他的诗，很多都是喝醉酒之后写的，所以李白又有“酒仙”的盛名。

但以现代的眼光来看，李白很可能是一个酒瘾者。

李白为什么那么爱喝酒？据说是为了找创作灵感。

诗歌是李白情绪情感的产物，而这个情绪情感，有时候需要在彻底放松状态之下才能汪洋肆意，倾泻而出，而酒精就是这样一个放松剂，可以将情绪情感的大门敞开。

读过李白自传的人应该都知道，李白身处盛唐，那是古代中国经济和文化鼎盛的朝代，但是他的一生，特别是仕途方面却并不得意，他是被压抑的，也是痛苦的。因为痛苦，所以他才需要用酒精来麻痹自己，也正是因为借着酒精，他才能嬉笑怒骂，让压抑的情绪得以宣泄。

所以酗酒者背后通常意味着**压抑的痛苦**。

当然，很多诗人写诗并不需要喝酒，而且有时候李白不需要喝酒就能写出好诗，所以酒精不是必需的。

少华因为婚姻问题求助。少华的妻子因为他酗酒的问题而要求离婚，少华不想离，但是又无法戒掉酒瘾，两人因此经常吵架。

经过了解，少华工作了二十几年，一直做的都是基层工作，工资也不高，这么多年还没有攒够房子的首付。看到身边的同学朋友都买房买车而自己还在租房过日子，少华心里很不是滋味。他想换工作，可是又不知道自己能干什么，而且他对很多工作不感兴趣，因而觉得前途黯淡，看不到出路。

虽然妻子并没有对少华有什么怨言，可是少华觉得愧对妻子。事业受挫、经济压力，再加上愧疚感，让少华感觉痛苦烦闷，两年前开始慢慢喝酒。喝酒之后，少华感觉自己似乎可以抽离现实的压力和痛苦，慢慢地，他开始越喝越上瘾，一天不喝就觉得难受，后来因为工作时间喝酒被领导呵斥，受到警告处分，工作岌岌可危，这让他更痛苦，更想通过酒精来麻痹自己。

经过分析，咨询师发现少华酗酒背后的问题：第一，缺乏一个良好的职业规划，经常换工作但又干不久，所以导致职位无法上升，收入也无法增加；第二，习惯性压抑情绪，缺乏与他人的倾诉与沟通。

找到原因之后，咨询师给出了具体的建议：第一，逐次递减酒量，至少上班的时候不喝酒；第二，在不喝酒又难受的时候，可以找人倾诉或者通过运动的方式宣泄情绪；第三，仔细思考自己喜欢做什么、擅长什么，选择一个方向作为终生的事业来发展。

经过半年的思考和调整，少华还在喝酒，但已经能控制在适量范围。少华认为自己对酒情有独钟，决定开一个酒吧作为事业开端，并愿意针对“酒”背后的情结作更进一步的分析。

要处理酗酒问题，就要了解压在酒杯背后的痛苦情绪：首先，要让痛苦情绪得以呈现和宣泄；其次，针对痛苦背后的原因进行分析；最后，在接纳目前状态的同时针对问题寻求解决途径。

除了上述内容，再介绍几种戒酒的方法以供参考。可以针对自己的情况进行尝试，直到找到适合自己的方法：

跟医生或心理咨询师聊一聊。在戒酒这条路上，你并不是一个人在战斗，寻求专业人士的帮助是明智之举。

从内心改变对酒的态度。嗜酒如命的人，把酒视为最好的朋友，怎么可能轻易放弃？因此，你需要改变认知，你不是在放弃“朋友”，而是在远离“敌人”。

- 选择自己的戒酒日。选择一个重要的日子，在这一天开始戒酒计划。例如，妻子对你酗酒的行为非常不满，你可以选择在结婚纪念日开始戒酒计划。仪式感与意义感会在某种程度上帮到你。

- 眼不见心不烦。家里一瓶酒都不留，见不到它们，可能也就不那么想了；在外面也尽可能远离喝酒的场合，否则被别人一劝，非常容易动摇。

- 设计一张酒瘾替代清单。将除喝酒外你最感兴趣的事情都列在这张清单上，当你想喝酒时，从中选择一件最感兴趣的事进行替代。

酒瘾替代清单：

- 工作
- 跑步
- 唱歌
- 做家务
- 开车兜风
- 找朋友聊天

大多数喜欢喝酒的人并不觉得自己对酒上瘾，接下来这个小测试可以帮你检测一下，结果仅供参考，不具诊断作用。

1. 你曾下决心戒酒，但是每次都因为应酬、压力大等借口，重新拿起酒杯……

2. 你是否非常享受喝醉的感觉？

3. 你是否每顿饭都要喝酒，没酒就吃不下饭？

4. 总觉得喝得不尽兴，所以每次喝起来都一杯接着一杯停不下来。

5. 戒酒没几天，情绪就会出问题，焦虑、暴躁、烦恼，思维迟缓。

6. 一喝酒就断片，说明你对酒精已经非常依赖了。

以上问题，如果你占了三条以上，那么你很可能已经有酒精成瘾的问题了。

【心理训练】——酒瘾成因分析

第一次喝酒是什么时候？

____

第一次喝酒是什么情境？发生了什么事情让你喝了第一口酒？

____

喝酒时你联想到了什么？

____

你在通过喝酒回避什么问题？

____

那个问题是什么原因导致的？

____

针对上述问题，你可以做出怎样的调整或者改变？

____

游戏瘾：虚假也让我如此快乐

很多人玩游戏是因为觉得人生太苦太无聊，想要通过获得快感的方式及时行乐，然而根据心理学家对于幸福感的研究，快感并不等于幸福。即便你衣食无忧，所有欲望都能够得到满足，也不一定会拥有幸福的人生。

那么，为什么游戏会让人上瘾？原因通常有以下几种。

第一，游戏有趣、好玩，能够勾引起人的好奇心，且其设计通常在游戏者能力水平的界限上面一点，属于跳一下就可以够得着的水平，这会不断激起人的挑战欲。

第二，在虚拟的网络当中，看不见彼此的真实面目，没有被人注视的焦虑感和紧张感，人际交往变得简单和轻松。

第三，游戏里面的人物不介入现实生活，不存在现实冲突，人际关系相对比较安全。

第四，通过完成虚拟任务可以让人得到在现实生活当中得不到的认可、肯定、荣誉感和成就感等。

第五，很多人游戏上瘾的原因通常是诸多因素夹杂在一起的，比较常见的是对现实学习或工作以及生活不满意，比如怎么努力学习都无法取得好成绩，每天做着不喜欢的工作，家庭生活不幸福，个人也比较自闭，不喜欢跟人交流沟通，或者人际交往受挫，在现实中无法得到足够的认可、肯定和成就感。

阿来是个初中生，母亲因为其游戏瘾代为求助，后母子一起做心理咨询。

阿来一年前随母亲移民加拿大，因为语言不过关，在学校上课听不懂老师讲什么，学习上面很吃力，怎么努力都无法获得母亲想要的成绩，感觉很气馁，于是放弃学习，整天打游戏，经常玩得日夜颠倒，也不怎么吃饭。母亲因为担心阿来的健康，要求他控制游戏时间，至少保证正常的作息，按时吃饭，但是阿来做不到。因此母子经常吵架，最凶的一次母亲扬言要自杀。阿来表示自己很痛苦，想要回国，但是母亲明确表示不可能。

阿来的游戏水平中等偏上，但是让阿来痴迷于游戏的原因并不是自己玩得多好，而是玩游戏时可以和国内的同学朋友联系交流。阿来以前在国内性格开朗，也很爱运动，经常踢足球，出国之后虽然还是可以踢球，但是他总感觉没有在国内的时候感觉好，和国外的同学交流起来也无法深入、亲密，因此经常有孤独感。

阿来的游戏瘾是因为突然转换环境，从一个熟悉的环境进入一个陌生的环境产生不适而引发的。

通常，**一个完善的人格需要三大支持系统：自我支持系统、家庭支持系统和社会支持系统**。阿来是未成年人，自我还未树立和完善起来，所以自我支持系统是欠缺的；家庭支持系统，以前在国内是和父母在一起，到了国外就只有母亲，这方面的支持也在减弱；社会支持系统，即朋友、同学、老师、亲戚、邻居等人际关系，这个部分也突然丧失了。这样看来，阿来的人格支持系统几乎崩塌，再加上学习不顺利，母亲也因为自身支持系统的丧失而情绪不稳定，这些都会让阿来的问题加剧。

通过了解沟通，咨询师建议母亲首先接纳阿来目前玩游戏的状态，同时建议寻求其他家庭成员的支持，比如让某个亲戚到加拿大一起陪伴他们，先让他们的情绪状态恢复平稳；其次要让阿来明确地知道，想通过回国来回避问题是不可能的，引导其正视语言障碍问题。

通过一段时间的调适，阿来慢慢接受了不可能回国这个事实，也开始报班学习语言，游戏也还在继续玩，但不像以前那么痴迷了。

在心理学领域有一个理论，叫作自我决定理论（self determination theory），该理论将人类的需求划分为三个层次，分别是：自主（autonomy，掌握控制权）、归属感（belonging，与其他人产生情感联系）、能力（competence）。

爱荷华州立大学心理学博士道格·詹蒂莱（Doug Gentile）说过，如果要让一个人去做某件事，那么事情本身至少要满足三种需求中的一种。如果能同时满足三种需求，那么人们在做事时就会更有动力。

网络游戏可以同时满足这三种需求，这也是人们很容易对游戏上瘾的原因。针对已经对游戏上瘾的人，提供一些戒瘾的方法，以供参考。

别碰游戏。如果你知道自己对游戏没有定力，索性不玩，尤其是新游戏，不尝试就不会上瘾。

把游戏机处理掉。离不开手机，但是可以离开游戏机，这样做至少能够减轻你的游戏欲望。

远离游戏环境，寻找替代项目。躲着那些天天叫你打游戏的人，不要去网吧、游戏厅之类的地方，转而从事一些其他更有利于身心健康的项目，逐渐培养兴趣。

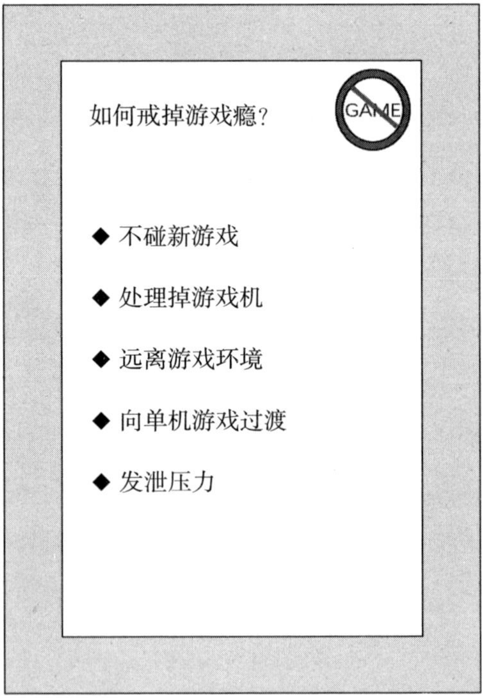

从网络游戏向单机游戏转移。这是一种过渡的方式，网络游戏一局接着一局，面对不同的对手、不同的情节，很容易形成更高的期待；而单机游戏相对无聊，剧情固定，一旦通关了兴趣就会大减，从而降低上瘾程度。

发泄压力。无论是未成年人还是成年人，很多人沉迷于游戏都是因为压力太大，想要从虚拟世界找到慰藉。这就要求针对具体的压力源，找到适合的发泄方式。

【心理训练】——游戏瘾成因分析

要处理游戏瘾，首先需要梳理清楚患者对游戏上瘾的原因，再对症下药。

1.问问自己，我为什么喜欢玩游戏？游戏带给了我什么？

____

2.我在通过游戏回避什么？

____

3.我回避的东西可以通过其他途径得到解决吗？如果有，是什么途径？如果没有，再想想还有别的什么途径？

____

4.这个途径需要我怎么做？我可以怎么安排？

____

____

____

暴饮暴食瘾：填补我，让我不要那么空虚

进食，是人类保存自我的生本能，当人还心怀着进食的欲望，那么他就还有着生存的欲望。食物，是在填充我们空虚的胃部，胃部通过消化之后将食物转化成能量来维持我们的生存和生活。

暴饮暴食是过度地填充，我们明知胃已经饱满，但还是要继续填充，这就意味着我们还有空虚的地方。那么，我们空虚的地方在哪里？

答案通常是情感，因为爱的缺失，所以情感上出现了一个窟窿，这个窟窿一直都无法得到很好的填充。长大之后我们需要更多的情感能量去学习、工作、处理人际关系、承受现实压力，这些消耗导致那个情感窟窿越来越大，大到似乎要把我们的自我吞噬。因为害怕被吞噬，于是我们不断地通过填补来缓解恐惧，在依旧无法得到爱的情况下，只能通过简单易得的食物来填补。

所以，要处理暴饮暴食成瘾的问题，我们需要首先了解这个缺失是什么样的，其次要接纳这个缺失，再次要防止这个缺失扩大化，最后通过别的更好的途径对缺失进行填补。

李凯是一位留学生，学习成绩优异，深得老师和同学的喜爱。可是，李凯最近做什么事情都提不起劲，觉得生活没有意义，喜欢买一堆食物吃，但吃完又会催吐，最后因为担心自己得抑郁症而求助。

经过了解，李凯的确有抑郁倾向，同时还伴随暴饮暴食倾向。在咨询师做出暴饮暴食是因为情感缺失的解释之后，李凯开始敞开心扉：他的父亲是飞行员，经常不在家，自己从小就和母亲一起生活，搬过几次家，母亲自身情绪也不是很稳定，经常担心家里被人入侵，特别是晚上。

这种情况导致李凯一直处于恐惧当中，害怕黑暗的楼道，后来泛化到害怕坐电梯，对自己的房间也因为太大而感到恐惧，因为床太大不敢睡在床上，经常拿一条毯子去书房睡，因为书房比较小，而且有书，感觉没那么空。

咨询师针对“空”进行了分析，物理空间的空对应到情感上的空，这种“空”的确需要填补。咨询师建议李凯首先停止消耗，如减少人际交往，减轻学习压力，防止“空洞”扩大；其次寻求对自己真正有“填补”作用的人际关系或者精神享受，如尝试建立良好的亲密关系，找一个可以谈心倾诉的好友，做自己真心想做的事情，如果什么都不做就是自己想要的，那就索性什么都不做。一次咨询结束之后，李凯表示自己的情绪得到了很大缓解。

除此之外，再介绍一些行之有效的方法以供参考。

当你想吃东西时按下“暂停键”。当你产生进食的欲望时，先不要急着往嘴里塞食物，问问自己：“我饿了吗？”人们往往只关注自己想吃什么，而很少会关注为什么吃这个问题。如果你的回答是“不饿”或者“不太饿”，那么可以告诉自己“等饿了再吃”。

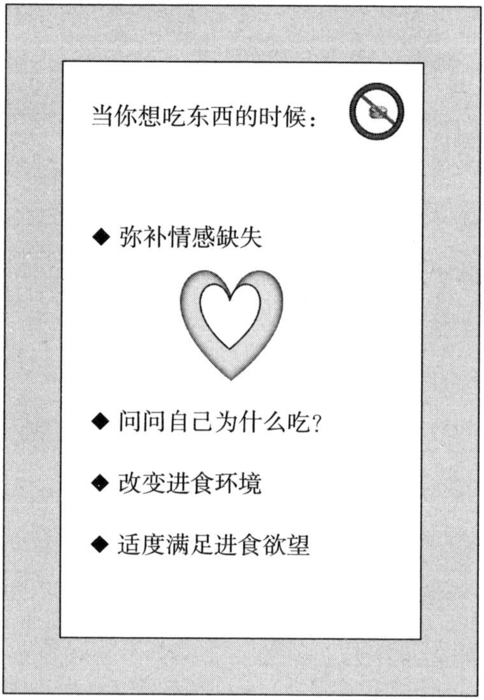

改变进食环境。如果你看过《生活大爆炸》这部美剧，一定会记得“谢耳朵”这个有趣的家伙。还记得他的专属沙发吗？他就是一个强迫症患者，必须坐在自己的位置上，否则干什么都会不舒服。如果你也习惯了某种进食环境，如习惯了坐在沙发上吃饭，那么当你想要吃东西时，有意远离这个环境，这会或多或少减少进食的欲望。

适度满足进食欲望。你是不是发过毒誓要减肥，信誓旦旦地表示对于自己喜欢的食物“一口不吃”，结果，禁食没有坚持多久，就变为暴饮暴食，反而吃的更多？如果你非常喜欢吃某种食物，如炸鸡，那么即使你不饿的时候，也可以允许自己稍微吃一点，这样是为了避免暴饮暴食。

【心理训练】——暴饮暴食成瘾分析

你第一次暴饮暴食出现在什么时候、什么情境中？

____

暴饮暴食让你联想到什么？

____

你通过暴饮暴食在填补什么？

____

还有没有别的途径可以填补？

____

你可以怎么做？

____

第六章

绘画分析——潜意识中的情绪表达

绘画分析原理

绘画心理分析是心理咨询常用的技术手段之一，也是心理艺术辅导的方法之一，运用的是集体潜意识和个人潜意识的投射原理。图像是潜意识中情绪情感、矛盾冲突的表达和呈现，是绘画者通过绘画创作将情绪情感以及矛盾冲突转化为图像，一方面让潜意识中的情绪情感得以宣泄，另一方面让心理问题得以呈现。图像、情绪、语言三者之间相互作用，从而达到预期的效果。这种方法适用于任何年龄阶段。

绘画心理分析与绘画者的画功没有关系，分析的是绘画呈现出来的事物以及背后的心理动态。在分析的过程中，需要将事物的象征意义与绘画者个人的讲述结合起来分析，尽量避免分析者的主观投射，也避免强硬分析或者过度分析。

在运用绘画分析进行自我觉察和分析时，可以有意识地觉察绘画者在画前、画中和画后的情绪变化，在结束绘画对绘画内容进行分析时，着重体会画中的每个事物带给自己的感觉以及联想，最后根据感觉以及联想进行分析。

当咨询师拿到一幅画时，一般会从三个层面进行分析。

第一，分析画面的整体占比。例如，咨询者的画作很大，占据了整张纸，有可能表示他们此刻非常冲动，也有可能是因为他们有意表现出的外在防御机制，目的是掩盖内心的恐惧与无力。

第二，分析绘画过程。咨询师需要仔细观察患者，看看他们所画内容的顺序。一般来说，最先画的内容一定是他们最关注的。此外，如果在绘画过程中经常涂改，一种可能是患者追求完美，还有一种可能则是代表了他们优柔寡断的性格。

第三，结合咨询者实际情况分析画作内容。针对绘画疗法的理论很多，尤其是著名的房树人理论，然而在具体分析的过程中，不能用经典理论生搬硬套，一定要结合咨询者的具体情况进行分析。

绘画分析有如下优点：有效的自我表达工具；传递信息量更丰富，表达力更强；受众人群广泛；不受语言、年龄、认知能力、绘画技巧等因素的限制；有助于自我成长。

【心理训练】——绘画心理分析记录

如果你平时就喜欢画画，可以将其作为倾诉和表达的一种方式，当你感觉烦闷，无法向他人倾诉时，可以拿起画笔通过绘画进行倾诉和表达。绘画工具可以是铅笔、蜡笔，也可以是水彩笔、油彩笔，根据你的个人喜好以及方便程度来选择。绘画的过程中可以有意识地觉察自己的情绪变化，绘画结束之后如果你愿意，还可以进行自我分析，从而实现自我成长。

接下来，针对最近一次绘画心理治疗的过程，将自己的真实感受写下来：

绘画前的情绪：

____

绘画过程中的情绪：

____

绘画结束之后的情绪：

____

绘画中的每个物体带给自己的感觉以及联想：

____

____

____

分析感觉以及联想背后的情结以及创伤：

____

____

____

解开情结、疗愈创伤的方法和途径：

____

____

____

房树人绘画：原生家庭、自我和生命能量

心理咨询经常做的绘画分析是房树人绘画分析：房子通常代表的是绘画者的原生家庭、内心世界；树代表的是绘画者个人的生命能量；人代表的是绘画者潜意识对自我的认知。

除了这三个比较常见的事物，通常还会有院子、栅栏、小路、花花草草、小动物、供休息的桌椅秋千、太阳、白云，等等。院子代表的是绘画者内心的界限范围；栅栏是自我防御；小路是做事情的路径方法；花花草草是对美好的渴望；小动物是对陪伴和温暖的渴望；桌椅秋千是对休息的渴望；太阳是能量不够，对温暖和爱的渴望；白云代表的是情绪低落；如果白云变成乌云，则是情绪比较浓重。

典型案例：

绘画者自述这是一幅描绘夏天的图画，天气很好，太阳很大，空中有几朵白云。画正中间是一个院子，周围用栅栏围着，有一个小女孩在院子里喂鸡。房子是平房，房子里面有人在做饭，应该是那个小女孩的奶奶，房子的旁边有一棵苹果树，树上结了很多苹果，树身上有纹路，周围有花花草草，右边还有一条

河流，河流里面有很多鱼。

注：本书所有手绘图均经绘画者授权使用

首先，咨询师对栅栏和房子的门窗进行了解释：栅栏代表界限和自我防御，关闭的门窗代表的是内心的关闭状态，这提示绘画者内心相对比较封闭，不大愿意跟别人讲心事。这和烟囱里冒出的白烟以及天上的白云相呼应，烟和白云都代表低落的心境、负面的情绪，因为不倾诉，所以会导致负面情绪淤积，心情低落。

绘画者表示认同，自述最近情绪的确不怎么好，高兴不起来，还怀疑自己是不是抑郁了，但又表示自己是性格开朗活泼的人，与人交流沟通没有问题。咨询师对此进一步解释，自我防御和封闭更多地指向的是内心世界、真实想法，而性格开朗活泼指向的是外在的世界、一般的人际交往，是比较浅层次的，性格开朗活泼的人未必就愿意与人倾诉内心世界。

这一次，绘画者表示认同，承认自己的确不会向别人倾诉内心的私事和秘密。在交流的过程中，绘画者多次对咨询师的问题回答“不知道”“没有”等，这也是自我防御的体现。

其次，咨询师解释大树是生命能量的象征，树上有很多果实，而且是夏天的果实，果实代表成就和目标，但因为夏天的果实还未成熟，所以应该更倾向于解释为绘画者有很多目标想要去实现。

绘画者承认，并开始讲述自己的目标是想做一名讲师，通过进一步的询问，绘画者自述想要做幼儿养育方面的讲师，但是不知道该怎么去实现这个目标，无从着手，总觉得这个目标无法实现，最近一直被这个问题困扰。咨询师建议先暂且放下这个问题，继续分析别的部分，绘画者表示同意。

树干上的五道纹路，咨询师解释这是绘画者在成长过程中留下的比较深刻的痕迹。绘画者回答自己对童年印象深刻的记忆就是父母打自己的画面，不知道是从什么时候开始的，也不知道是因为什么事情。咨询师解释，父母打在自己身上的痕迹就是树上的印记，我们的潜意识里一直记得这些印记。

再次，咨询师开始询问画面中间的房子和院子让绘画者联想到什么，绘画者回答说这是童年记忆里的奶奶家。奶奶家住的就是平房，自己3岁时就和爸妈住进了楼房，楼房里没有别的小朋友，自己又是独生子女，每次爸妈出去上班，自己就一个人趴在窗户看外面，感觉很孤独。

小时候最喜欢去奶奶家，因为奶奶家有很多小朋友，有邻居家的，也有亲戚家的，大家在一起玩很热闹。虽然和奶奶的关系一般，但是想起那个场景就会觉得很温暖，因为有人陪伴，感觉很好。

虽然绘画者从小就和爸妈生活在一起，但是彼此之间的交流很少，感觉压抑，没有从爸妈身上得到陪伴、关注、爱护和肯定，现在和爸妈的关系不好，不想理他们。这个情境又和右边水里的鱼相呼应，鱼代表自由，绘画者渴望自由，但画里的水没有源头也没有流向，代表绘画者的情绪还缺乏梳理和连贯性，具体表现是可能自己也不知道自己的情绪从何而来，会觉得莫名其妙。

说到这里，咨询师表示，可以理解绘画者为什么想做幼儿养育方面的讲师了。因为讲师代表着表达和渴望得到关注的欲望，而绘画者从小这个部分就缺失，或者受到压抑，于是长大之后就想要通过这个职业来疗愈自己。绘画者表示认同，并且明白自己该怎么做了。

最后，咨询师并没有给具体的建议，但是绘画者理解了自己的缺失，于是就自然而然地理解了自己的选择，继而为自己的选择寻求具体的实践路径。

非典型的案例

有时房树人绘画不一定三个要素都具备，但事物是普遍联系的，只要有呈现，不管是什么要素都有意义，都可以进行分析。

这幅童话小屋图出自一位男性之手。绘画者自述这是山里的蘑菇房以及两只可爱的小兔子，自我分析有一只兔子擦掉又画过，潜意识可能指代的是自己曾经离过婚。

咨询师对其他部分进行了解读：封闭的门窗代表的是绘画者封闭的心门，门前的石子小路代表绘画者在对外沟通方面很有技巧。注意，内心的封闭和对外的沟通有技巧不是矛盾的，如有些人爱聊天，但是聊天不涉及个人隐私。

连绵起伏的群山是一种恋父情结，代表渴望得到父亲的支持，这也是绘画者的个人缺失和诉求。图中出现的两只小兔子是绘画者对亲密关系的渴望，即渴望有人爱和陪伴。画面当中没有出现人物，绘画者自述是因为感觉动物比人更忠诚，背后潜藏着一个被欺骗和被伤害的故事。

继续深入，可以讨论为什么绘画者会紧闭心门？是什么样的经历导致的？绘画者和父亲的关系如何？父亲对绘画者的影响是怎样的？绘画者目前的亲密关系怎么样？如果是有亲密关系但还渴望爱和陪伴，说明这段亲密关系质量不高，到底是哪里出了问题？“动物比人更忠诚”的背后又有一个怎样的伤害故事？

这里选择“动物比人更忠诚”这个话题进行深入。绘画者自述曾经被生意合作伙伴欺骗，合伙人将他们的创业基金卷走，并且对他进行侮辱黑化，导致他在行业内销声匿迹了几年。那几年他一直处于抑郁状态，非常痛苦。这也会导致他紧闭心门，不轻易相信别人。

痛苦只要倾诉出来，就会缓解很多，接下来还可以继续深入思考和分析，在这个欺骗和背叛的故事里，绘画者自身有没有什么问题是需要反省的？以后再创业时需要注意什么？

【心理训练】——房树人测试

准备一支铅笔、一张纸。

测试要求：

1.画错的线条不允许擦拭，但可以直接重画。

2.如果在画完整个画面或者部分画面之后反悔，不允许重画。

3.绘画除了要包括房、树、人三个关键要素，没有其他要求。

4.画人的时候不能画火柴人。

5.不能用尺子。

6.构思时间不要超过5分钟。

画完之后，对测试进行记录：

绘画时间：

____

绘画顺序（例如，先画的屋顶，后画的门）：

____

对于所画内容的解释：

____

____

____

测试结束之后，测试者可以借助本章所学内容进行分析，也可以向本书作者咨询。

河流和公路：界限和流动的情绪

在绘画心理学当中，河流和公路都象征着界限，是一种想要和外界保持一定距离的防御态度。这是河流和公路共同的意义，但是，虽然同是代表着界限和防御，但河流的潜意识防御却远远强于公路。另外，河流还象征着流动的情绪，公路还象征着自我探索、自我成长之路。

如果想要更好地理解河流和公路的象征意义，大家可以想象一下生活当中河流和公路带给你的感觉。

假如你站在河边，望着流动的河水，你的思绪是不是也会随着河水一起流动？接下来，如果你想要到对岸去，你会怎么做？寻找船只和桥梁？如果岸边没有船只和桥梁，那你就要望尘莫及了。或许有人会说，可以游过去。对，如果你会游泳的话肯定没问题，但是即便你会游泳，河水湍急，游过去存在风险，这一点也是需要考虑的，所以河流就阻挡了一大批人过河。

那换作是公路呢？公路虽然也是一条界限，但是毕竟走到公路上比蹚水过河还是轻松和安全许多的，我们可以从任意地方走上公路，也可以沿着公路任意撒野。而且，走在公路上的感觉总是比走在没有路的荒郊野岭的感觉更安全。

所以说若论防御，河流的防御比公路强悍许多。

选择画公路的人代表他们很有界限感，与人交往的时候会注意保持距离，不会轻易去侵犯别人的界限，也不会轻易让别人侵犯自己的界限。选择画河流的人的界限感会更强烈，强烈到可能无人能真正走进他们的内心世界，而他们也无法走出自己的世界与别人建立真正的联系，这时这个界限就变成了强大的自我防御。所以在生活当中，画公路的人会比画河流的人有更多可以交心的朋友，他们的人际关系会更好，而画河流的人因为缺乏人际关系的支撑，可能会更孤独脆弱。

以下两幅河流的画就投射了作画者强大的自我防御，河流横亘在看画的人与对岸的风景之间，看画的人无法从此岸去到彼岸，这就阻碍了彼此的交流，而作画者也总是需要选择一边待着，无论选择哪一边，都会因此而缺乏与另一边的交流和沟通。

也就是说，这个“河流”的防御，不仅仅是防御了外界与绘画者之间的交流沟通，也防御了绘画者与自己之间的交流沟通。无法渡过的河的那一边到底隐藏着什么不为人知的秘密？这就需要花费很长的时间和精力去探索，比如首先可能需要造一条船或者一座桥梁；其次可能需要跟对岸的人搞好关系，让他们知道你没有恶意；最后你才能安全地渡过河流到达对岸，把对岸的秘密搞清楚。秘密一旦搞清楚，那里就由禁区变成了开发区，一切就会欣欣向荣，充满生机，那么心理问题就会得以解开和疗愈。以下这幅画既有河流也有公路。河流的左岸也是个禁区，当谈到某个部分时，绘画者是拒绝的。河流的右岸则是可以开放的区域，中间的堤坝也是一条公路，看画者可以进入画里和作画者一同漫步、交流。公路延伸到远方，意味着自我探索之路漫漫，永无尽头。

以下这幅没有河流，和作画者沟通起来就会流畅许多，没有明显的防御与阻抗。

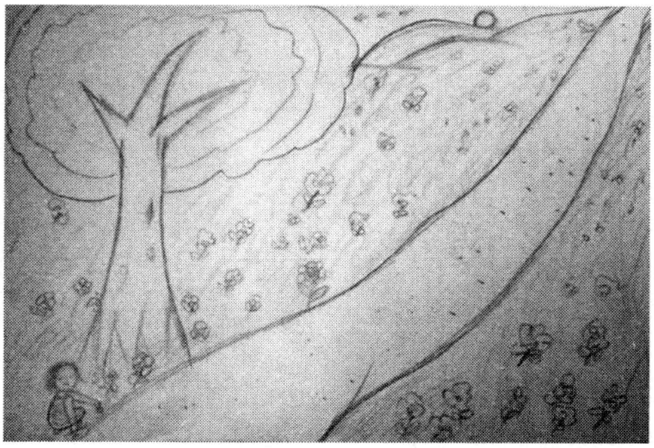

空间和静物：高智商的傲慢

在咨询工作当中，有时会遇见一些智商很高的来访者，他们逻辑思维能力特别强，这时，逻辑就会成为他们强大的自我防御机制，让人难以攻破和进入。这在他们的绘画当中也会有所体现。不同于前面常见的用栅栏、河流或者关闭的门窗等来防御，他们会通过一种抽象的画面来进行防御，这种抽象让咨询师一时难以直观地得到具体有效的信息，这时就可以结合叙事进行分析，因为在叙事的过程中，防御性再强的人也会投射个人的情绪情感。

案例：

绘画者画完之后编了一个长长的故事：

戴安站在厨房里，望着窗外。两周前，她刚刚搬进了这个安特卫普郊区的小村舍。除了这个房子的框架有100多年的历史之外，屋子里的所有地方都是重新修整过的。整个屋子里她最喜欢的空间，就是这个有落地窗的厨房，暗黑色金属表面的橱柜和洗手池，让整个空间非常利落。透过那扇落地窗能够望到屋外的一片旷野。现在是初春，地上的草还没有返绿，黄黄的，有点没精打采，再往远处，看到的也是一望无际的平原。这是一个非常理想的避世场所，哪怕站在露台上脱光了衣服，也不用担心会有人来窥探你。

在这样的一个新居，唯一的一个老物件，就是戴安特意放在厨房落地窗前的一个陶罐，大概有半人高，看上去像是一个陈年酒坛，其实却不是。

那是一个动荡不安的春天，整个非洲大陆都被茉莉花革命搅得蠢蠢欲动，却又让人惶恐不安。戴安一个人去了马拉喀什，一个有着漂亮庭院和马约尔花园的北非城市，这是大家一直向往的度假胜地，它既有非洲的风情，又融合了优雅的法国生活方式。

那是一个无法午睡的燥热的下午，戴安去了市中心的一个老市场。她心里知道在那样的老市场，到处都是花言巧语的商贩，每个人都盯着她这样的一个异族妇女，希望掏空她的钱袋子。尽管如此，她的目光还是紧紧地停留在了一个陶坛子上。

这真的只是一个其貌不扬的大型泡菜坛子，且不说不怎么干净，甚至还有一部分积着厚厚的灰尘，灰头土脸的，倒是非常烘托整个市场昏昏欲睡的气氛。让这个陶罐略有些与众不同的是它的釉面非常的细腻，罐子直径最大的部分被蹭得发亮。在市场昏暗的光线下，戴安瞥见了那种高贵的气质。她感觉这个陶罐来历不凡，但是这样的念头并没有真正地占领戴安的脑海。她只是感到了一丝异样，只是感到了，这个陶罐，有着非常不一样的气质……

陶罐的主人坐在一旁静静地看着面前来往的人群和昏睡的邻居。他自然不会放过这个异族妇女。有时候一个眼神能够传达很多信息，而戴安停留在陶罐上只有一秒钟的眼神，被这位阿拉伯商人准确地捕捉到了。商人的一脸精明让戴安十分防范。阿拉伯世界对女性并不友好，这个她早有耳闻，虽然她终究还是没有抵挡住这里异域风情的诱惑。

“这不是一个普通的泡菜坛子，my lady。”阿拉伯男人用那让人尴尬的口音不紧不慢地开始了他的“捕猎”行动。这个罐子虽然比不上拍卖行，但它就真的是一个来自皇家的物件。男人不停地重复“Royal”这个词。你听说过兰亚王朝吗？这曾经是在皇家花园中的一件物品。

戴安弯下腰，试图用手抚摸陶罐那锃亮的部分。那种黝黑中混着一些赭石，让人的目光停留很久。

兰亚王朝从来不平静。那里的七个王国拥有各自不同的郡主，但却效忠同一个王室，或者说国王。高庭家族历来富有，他们十几代都以剑术闻名。高庭家族的女人都姿色不凡。据说她们每天都用牛奶沐浴，花园里需要很多陶罐去储存沐浴用的牛奶和泉水。这位摩洛哥商人手里的陶罐据说就是从那个时候流传下来的。高庭家族对权力没有兴趣，却热爱风花雪月。然而身在是非之地，又怎么可能逃过被人算计或者被迫算计别人的命运呢？于是，那个貌美如花的高庭家族的小女儿——人称“小玫瑰”，就被迫要献给兰亚国王。

很不幸，国王是个暴君，他非常热爱权力，但并没有什么头脑，娶一个美丽的皇后，无非是为了给自己增加颜面，并且和富裕的家族联姻对于国王来讲，是完全没有风险的。

从小无忧无虑地生长在高庭花园里的小玫瑰，自然不知道等待自己的命运是什么。在她18岁以前，每天的生活就是起床、沐浴、和自己的侍女聊天、在花园里玩耍，这个世界对她来讲就是高庭花园，高庭花园的一草一木、一瓶一罐，她自然了然于心。从一个懵懂不懂事的小女孩，跌跌撞撞地在花丛间、瓶瓶罐罐间玩耍，到逐渐长成一个亭亭玉立的大女孩，不时在每天吃饭时，聊到或者听到长辈们对自己命运的安排，这样的成长转变对于她来讲，实在是太迷惘了。自从知道了自己的婚事安排，小玫瑰就变成了一个忧郁的姑娘，没有人能够倾诉心事，因为聪明的她发现，她在家里已经没有任何可以信任并且倾吐心事的人了。而这个时候，她又能为自己做一些什么呢？她每天在花园里只能和那些花花草草和石头罐子说话，可是这些物件貌似也不能给她什么积极的回应。

故事到这里，通常会有一个峰回路转的时刻。小玫瑰的成长并不总是春风拂面，人们总是忘了玫瑰竟然还有刺。在兄长的带领下，小玫瑰已经成长为一位出色的剑客。在这样的成长环境中，小玫瑰能得到最好的培训，但是永远无法看到真实的世界。高庭花园并不大，但是大人们都愿意在这里消磨下午时光。通常在上午的正式会议之后，高庭家族的商业伙伴、家族联盟会来花园透口气。这时，花园里总是充满了各种奇怪的能量。在一个光天化日的场所，人们反而更愿意进行密谋，仿佛阳光下的阴谋可以被覆盖了一层蜜糖色的外衣。

高庭花园有十几个大小不一的陶罐，它们散落在各处，形成了现在人们定义中的“地中海风情”。在没有牛奶浴的情况下，陶罐被派上了各种用场——插花插草，有时候因为临时的宴会会被挪来挪去。甚至被男孩子们倒置，当成板凳。当人们提着陶罐的时候，罐子总是被蹭得锃亮。幸运的是，罐子们总是被放置在花园里，因为室内总有更高贵的中国瓷器占据着重要的位置。

小玫瑰经常会在午后，靠着陶罐做个白日梦。最近的白日梦是关于那个号称要娶她的国王的。她在某些场合上见过他，是那种几百人的晚宴。他就是个幼稚的男孩，不仅幼稚，而且傲慢。她怀疑这是否和他的母亲过于宠爱他有关，她能从那个皇太后的眼神中看出来。唉，这个女人也不怎么好惹，和自己的奶奶一样。她实在是太难想象和这样的男人（男孩？）生活在一起了，更不用说要用自己的家族势力去支持他做的所有决定。忽然间，她觉得很绝望，那种看不到明天的绝望。白日梦做不下去了，午后的热度让人无比烦躁，连身后的陶罐都开始发烫，真想跳去洗澡。

要是能有一个情人一起私奔就好了。听上去很苟且，但是的确充满希望。那个冲动的国王会怪罪家人甚至惩罚他们吗？有可能，但是那会让整个高庭家族联合反抗的吧？小玫瑰不得而知。除了燥热，她感到身体里慢慢产生了一种能量，一种力量。她可能无法预知未来的生命有几天，但她确定她宁死也不愿意去当那个看着去很不怎么样的皇后。

小玫瑰不知道的是，她的兄长们和奶奶可能一样不太看得上那个国王，还有国王的母亲。他们当然没有透露任何信息给小玫瑰，但是这个皇后的任命让高庭家族都很郁闷，甚至生气。小玫瑰的大哥甚至砸了一个罐子，让花园一片混乱。

小玫瑰也不知道这些。但是她觉得自己有点本领，她的剑术段位很高。她甚至还有一把专属于自己的剑，叫“针锋”。

一切都在不知不觉中。

一个早春的夜晚，小玫瑰消失了。

第二天，高庭花园很平静，没有任何慌乱的迹象。

第二周，国王宣布高庭家族叛国，满门抄斩。可是等到国王的士兵赶到高庭花园，发现已经人去楼空，一幅衰败的迹象。

又过了一年，兰亚王朝遭到其他六国讨伐而灭亡。

小玫瑰仍然不知所终。后来，北非大陆上出现了一位神秘的女王，但是没有人知道她从哪里来。

终。

==============================

自我解读：

这是一篇基于上述图片的故事。这幅图片吸引我的点在于看得见风景的房间和这个看上去有叙事意义的陶罐。

在小组讨论阐述图画时，我联想到了几个关键词——**自由、陶罐、摩洛哥市场、阴谋、私奔**。我要根据这几个关键词来编一个故事，思路可以飞奔。

当思绪到了摩洛哥和阴谋，《权力的游戏》的一幕幕场景就进入了我的脑海。尤其是其中的女性角色。小玫瑰的角色正是融合了三个不同的角色：Sansa，那个要许配给国王的傻姑娘；Arya，那个从小舞剑变成高手的流浪贵族姑娘，她是Sansa的妹妹；还有小玫瑰，天生励志，嫁给了国王，然而也没有什么好下场的贵族女子。我的故事里的小玫瑰最终和自由私奔了，典型的“我要去看看这个世界”。

描述小玫瑰的时候，我也自然而然地想到了我奶奶：我奶奶小时候去反抗她姐姐的婚姻，因为她看不上她姐姐要嫁给的一个小乡绅，于是各种捣乱。她很早就离开家了，后来带着妹妹也离开了家乡，我觉得我奶奶的少年时代是有小玫瑰的勇气的。这个罐子，**如果一定要说它代表我自己的某些方面，那就是它的确是胸怀世界的，而探索世界是我前半生的主题之一。**我写了罐子的多种用处，我觉得我自己真没有什么包容性。我所有的朋友都对我翻白眼的能力表示钦佩。更多人认为我傲慢而不是包容吧。所以，我也很好奇这样的多功能的罐子如何能代表我自己。

如同我在巴赫解读中，在愉悦和谐的旋律之下，看到了宫廷晚宴的场景，是一个典型的冲突和密谋的场景。这是很自然的联想。

我把陶罐的前生放在了高庭花园这样和谐美好的场景中，并不代表没有危机。相反，危机四伏，永远都有阴谋。操作阴谋和诡计是需要勇气的，那也是一种承担风险的勇气。世界上没有“傻白甜”，尽管我的生活一直比较直接，甚至没有经历过“办公室政治”，但是我一直都明白这个世界的复杂性。

其中一个可能的解释，就是在我的理解里，阴谋代表着权力和关系。这是否有可能是我下半生要解决的主题？很显然，创业的过程就是建立关系的过程，这可能带来新的挑战。

私奔和自由是多少有些关联的词组。我没有让小玫瑰和情人私奔，而是和自己油然而生的勇气私奔。一方面是因为和情人私奔这个结局实在太老套，另一方面也可能是我在这个人生阶段不会像20岁出头时那样觉得爱情是人生最重要的事情。

摩洛哥/阿拉伯风情一直是我本人很喜欢的旅行元素。有意思的是，我从未去过摩洛哥，我去过其他很多阿拉伯国家，如阿联酋、黎巴嫩等。但是摩洛哥是第一个跳出来的名字，这说明了什么？我很想去摩洛哥？

整个故事的前半段是通过语音识别听写出来的，写到小玫瑰被婚配时就卡住了。冲凉之后，忽然得到了灵感（淋浴时是我灵感最多的时候，尤其是考虑在与工作相关的事情时）。冲凉之后，我就决定了要写小玫瑰带着自己的剑消失在高庭花园的结局。从故事情节来看，这是一个女性意识苏醒的故事，象征着自由与勇气。

作为一个有着跳跃性思维的人，不同的主题会同时出现在脑海中。我经常很有乐趣地追溯自己开小差的过程，我如何从A神游到B。

咨询师解读：

我看到画的第一感觉是神秘、很有故事，灰色调本身是一种过渡的颜色，是黑白的融合，这也是灰色的包容所在，后来绘画者自述的“一百年的陶罐”也验证了神秘性和故事性。

画面空无一人，却给人一种背后有人在注视和观察的感觉，而且观察者身边可能还围绕着一大群人，但是绘画者并没有把这些人画进去，似乎是不想暴露自己，又似乎是想傲慢地隐藏自己和抗拒权威：“我就不给你看，你能怎么着？”这是一种含蓄内敛的强大的自我防御，这个不画人的画不是因为绘画者不知道该把自己放在哪里，而是她不想暴露给人看。在画面的正中间放着这样一个罐子，无疑是一种强调，让人的目光不自觉地就被抓住，绘画者是想强调自己是“胸怀世界”的，这也是她的“傲慢”的由来。

“胸怀世界”本身就是一种强大的包容，“傲慢”和“包容”并不冲突，可以“傲慢地包容”，也可以“一边傲慢着，一边包容着”。“傲慢”也是一种强大的自我防御，与“强势”不同的是，这个“傲慢”是有底气、有支撑的，这个潜台词是“我允许你的存在，但是我未必认同你”；“强势”的底下是脆弱、缺乏支撑的，潜台词是“你必须听我的”。你的傲慢不仅针对一般人，也针对权威，还针对你自己，我似乎能感觉到你的理性在“傲慢”你的感性，你的显意识在“傲慢”你的潜意识，你不相信别人可以解读你，也不相信你可以解读自己。为什么你不相信别人和自己的解读？你在怀疑什么？你在抗拒什么？还有，你的“傲慢”是从何而来的？这个可以继续深入讨论。

除了罐子，在绘画者的自述中，出现了“阴谋”这个词，“阴谋”提示绘画者潜意识中对人际关系的不信任和质疑，这也会让绘画者启动自我防御。绘画者也自述，阴谋让她想起权力和关系，这和上述因为傲慢产生的自我防御相呼应。在“傲慢”和“阴谋”的双重作用下，自我防御层层深入，牢不可破。

故事里还有另外两个关键词，“自由”和“私奔”，故事里面的女主角从纠结是否结婚到最终选择放弃结婚，拥抱自由，这也是绘画者的成长经历投射，这个投射可以继续探究背后是否存在亲密关系的一些障碍问题。

最后，“北非大陆上出现了一位神秘的女王”，这也和绘画者早年逃离中国，跑到国外待了很多年，现在又出现在国内西南某个二三线城市的状态很契合，这是一种投射，也是一种回归和整合。

人物画像：你的潜意识是如何看待自己的？

有时，来访者也会画自画像，特别是比较自恋的来访者。这个自画像一方面提示绘画者愿意去面对自己，对外展现自己；另一方面也提示他们渴望得到关注，渴望被看见。有时候，来访者宣称他们画的是别人，不是自己，这是一种掩饰和防御，根据潜意识投射原理，无论他们意识层面认为自己画的是谁，潜意识里画的其实都是自己。

在人物绘画当中，身体的每个部位包括衣服、装饰都有一定的心理象征意义。

头部代表的是理性、智商，把头画得比较大，代表绘画者潜意识中认为自己比较聪明，对自己的智商颇为自信，把头画得比较小则相反。

眼睛代表的是观看和洞察力，有眼白和瞳孔两个部位，两者都齐全的说明绘画者的观察力和洞察力不错，对外界以及自己有一定的洞察力；如果没有瞳孔，则说明绘画者比较盲目，对于事物缺乏洞察力。

耳朵代表倾听，画了耳朵代表有比较好的倾听能力，没有则代表不愿意听别人的倾诉。

嘴巴代表表达能力，嘴巴张开代表表达能力比较好，紧闭或者没有画嘴巴则说明不愿意表达，处于自我防御的状态。

肩膀代表责任和担当，把肩膀画得过于宽大的，说明内在想要承担更多，但是实际上未必能承担得起；把肩膀画得过于窄小则说明其对责任和担当比较畏缩和回避。

四肢，包括双手和手脚，是对外部世界的把控能力，四肢都健全并且画出手指、脚掌的，说明对外界的把控能力比较好；否则，则提示对外掌控能力的缺失。

对于衣服和装饰，如果画得很细致，说明比较注重细节。

在人物画像的分析中，首先要注意整个画面带给人的感觉是否平衡和协调。如果不是，哪里不平衡不协调？这个状态通常也是绘画者的状态，需要咨询师提出来和绘画者进行探讨。

我们来看一个案例：

绘画者自述这是其高中时代痴迷的蜘蛛侠，原本想画一个蜘蛛侠蹲着的招牌动作，但是画不出来，所以退而求其次画了个站着的蜘蛛侠，画完之后觉得挺满意。蜘蛛侠在集体潜意识里是英雄，他身上的肌肉、倒三角形的身材都在传递着强大的力量，这是绘画者渴望自己成为的人，也就是说绘画者渴望变强大，变强大之后就可以保护家人、爱人以及弱者。

蜘蛛侠手上的网象征的是想要去捕获和掌控，但是网是向下的，手部的细节没画出来，这提示着作画者对外界的捕获和掌控能力还有所欠缺，所以做事可能通常会以失败告终。

身上的蜘蛛侠衣服是强大的自我保护和自我防御，这个可能会导致自己无法走进他人的内心，他人也无法走进自己的内心。

旁边的小蜘蛛是对爱和陪伴的渴望。

咨询师建议：

第一，脱下蜘蛛侠的外壳，放下自我防御，让别人进入自己的内心，也让自己走进别人的世界。

第二，学习外部世界的规则，增强对外部世界的掌控能力。

第七章

梦的解析——做自己的解梦人

解梦原理

解梦技术是心理学三大流派之一的精神分析学派经常运用的技术手段，其最早的研究者是精神分析开山祖师、奥地利心理学家西格蒙德·弗洛伊德。通过常年的案例积累研究，弗洛伊德写出了《梦的解析》，该书开创了弗洛伊德的“梦的解析”理论，被其描述为“理解潜意识心理过程”的捷径。该书引入了“本我”的概念，描述了弗洛伊德的潜意识理论，引申到心理学，解读人们的潜意识在梦中的表象。

弗洛伊德在《梦的解析》中认为人在清醒的意识下面，还有一个潜在的心理活动在进行着，这种观点就是著名的潜意识理论。可以说，没有解梦，就没有我们现在耳熟能详的潜意识这个概念。

弗洛伊德在《梦的解析》中从心理学角度对梦进行了系统研究，这些研究使梦与疾病的关系渐渐清晰起来。奥地利心理学家阿德勒认为，梦是在潜意识中进行的自我调整和激励，以及对未来目标的设定。美国心理学家弗洛姆认为，梦的功能是探讨做梦者的人际关系，并帮其找到解决这些问题的答案。

对梦做出比较科学认识的是20世纪50年代兴起的实验心理学。实验心理学研究发现，梦的发生与人在睡眠状态下快速动眼和非快速动眼的周期性相关。一般来说，梦发生在快速动眼睡眠阶段，梦的内容也有规律。在第一次、第二次快速动眼时，梦大多重演白天的经历；在第三次、第四次快速动眼时，梦多半是过去的情景和体验；第五次快速动眼持续时间最长，梦大多是过去与最近的事互相交织。人们在睡眠中感觉身体不适或疾病，大多发生在第一次、第二次快速动眼时做的梦，而慢性病的感觉可能在第三次、第四次快速动眼时做的梦里。

弗洛伊德认为，梦不是偶然形成的联想，而是被压抑的欲望。它可能表现对治疗有重要意义的情绪的来源，包含导致某种心理的原因。所以，梦是通往潜意识的桥梁。

弗洛伊德指出，任何梦都可分为显相和隐相：显相，梦的表面现象，是指那些人们能记忆并描述出来的内容，即类似于假面具；隐相，是指梦的本质内容，即真实意思，类似于假面具所掩盖的真实欲望。

在弗洛伊德看来，梦的运作、伪装主要通过压缩、移置特征、次级修正的过程把梦的显相完全歪曲、压缩，是显相的梦被转化为简略的形式，梦的某些成分被略去，另一些只以残缺的形式出现。移置，即一个不重要的观念或小事，在梦中却变成大事或占据重要地位。象征，即以具体的形式代替抽象的欲望。它显示了梦作为通往潜意识的真实路径。次级修正，即把梦中无条理的材料加以系统化来掩盖真相等。

在弗洛伊德之后，荣格又将集体意识、原型引入解梦当中，让梦的心理学意义更丰富和多元化。

简单来说，梦是被压抑的潜意识的表达，通过做梦，我们可以释放压力，满足愿望，同时梦也会提示某些潜在的身体疾病或者情绪问题、心理问题，引起我们的意识重视，甚至有一些梦还会有预示作用。解梦的过程，是觉察和分析的过程，也是将潜意识转化成显意识的过程，这个过程让人更深入地和自己对话，从而调整自己，让自己变得更好。

【心理训练】——梦的解析

梦是做梦者的作品，起主导作用的是做梦者。打个比方，做梦者是导演，梦是电影，在自己给自己解梦时，有意识地问自己，我为什么要这么导演这部电影？

要先学习记录梦，因为梦很容易遗忘，所以一旦你决定开始记录梦，就要趁你还记得的时候赶紧记录下来，最好的记录方式是采取口述录音，录完之后再整理成文字。

日期：____

梦的内容：____

____

解梦：______________________________

____

____

____

主要情绪：______________________________

关键词：______________________________

由情绪开始解梦，这种情绪让你联想到什么？

____

由关键词开始解梦，这些关键词让你联想到什么？

____

解梦之后你有什么感觉？

____

如果满意，那么可以就此告一段落；如果不满意，不满意的点在哪里？先记录下来，未来继续思考。

____

____

____

____

考试做题梦：提示你的焦虑

梦到考试或者做题，过程不顺利，做不出来，或者考试不及格，抑或发生一些意外总是无法完成题目或考试，这是大部分人都做过的梦。做这种梦时，大家的情绪基本都是一样的，那就是焦虑，有时可能还伴随着害怕和恐惧。

这种集体焦虑与我们的集体意识也就是社会文化有很大关系。

在我们的成长过程中，做题考试是家常便饭，几乎无人幸免。在我们的显意识里，一旦谈论起焦虑，最先浮现在脑海里通常就是学生时期的这种焦虑，所以当我们成年之后再次遭遇压力或者令人焦虑的事件，本能地就会选择过去的焦虑事件来表现。

虽然都是焦虑，直接的压力源却不同，所以当我们通过考试做题梦觉察到自己的焦虑时，需要问问自己，最近发生了什么事情让自己感觉焦虑。记录下来，然后再寻求解决办法。

梦者梦到大学考试，两次都是快到交卷的时候才进场，而且都是刚写好名字和准考证号就交卷了，所以每次都是交白卷。考试的两门科目一门是数学，另一门是物理之类的。想到下个学期别人都很快乐地玩耍，自己还要多考两门就很烦躁。

分析：在现实生活中，梦者从来没有交过白卷。考试意味着新的机遇，交白卷意味着没有结果，或者结果不好。实际上是，梦者有恋爱结婚的打算，但是最近和两名异性交往都没有结果，所以情绪上很是焦虑烦躁。

追赶/打斗/杀人梦：提示你的矛盾冲突

追赶、打斗、争执、战争等是矛盾冲突最常见的外显形式，通常意味着梦里的人物或者生物（有时是动物和人物）超过两个。假如每一个人物或者生物都是梦者的一个面，那么人物越多，说明梦者的性格越复杂，内心矛盾冲突也越多、越混乱。伴随矛盾冲突的情绪，通常是压抑、焦虑、恐惧、惊吓、刺激等，这类强烈的情绪非常消耗人的能量，所以很多人做完这类噩梦通常都会感觉筋疲力尽，甚至流虚汗、心悸。

分析这类梦，可以从梦者对梦里的每一个人物或者生物的感觉入手，由感觉切入理性层面，探寻为什么要把该人物或者该生物放入梦中，其心理学意义是为了表现什么？

我梦到自己以及其他一群人要被处决，方式类似于集中营的毒气。他们先把粉尘通到室内，我趁他们不注意逃了出去，结果出去就被发现了。我脱去囚衣外套，脱得有点慢，阿姨在不远的树上叫我加油，可我就是快不起来，好不容易脱掉，拼命想往山上跑，可是怎么也跑不快。我在一块地上被一个农民大叔抓住了，大叔力气很大，我无力反抗，感觉又要被抓回去了。太累了，我想还是不要继续做下去了，于是醒了。

梦中的人物主要是“我”“阿姨”“农民大叔”，关键的事物是“集中营”。梦者最近开始创业，开了一家公司，这带给梦者很大的压力，感觉似乎被囚禁了，以前想去哪里就去哪里，现在因为这个公司，哪里都去不了，而且公司每个月的租金、运营费用也让梦者心力交瘁，感觉健康似乎在被消耗。

这个公司对应到梦中，就是“集中营”。梦者想要从集中营里逃出来，可是逃跑的时候心里很着急，动作却慢腾腾的，这提示梦者想要挣脱却又无力挣脱的状态。

梦中的“阿姨”在现实生活中给梦者的感觉是充满活力和激情的，是梦者喜欢的，但在梦中，“阿姨喊加油”带给梦者一种焦躁感和无力感，感觉阿姨站着说话不腰疼，不理解自己所处的无力状态，也无法来拯救自己。这对应到现实生活当中就是身边的朋友们都在鼓励梦者，为梦者叫好，可是却没有办法提供实质性的帮助，梦者觉得他们并不理解自己的压力，因此对他们只是口头上喊“加油”有一种不满，最近不想和他们联系。

将梦者抓回去的“农民大叔”给梦者的感觉没什么恶意，只是被集中营的人给洗脑了，为他们工作、服务，因为职责所在，必须把她抓回去。“农民大叔”是男性，在梦里代表着理性、愚昧、盲目服从、僵化的条条框框，这些东西将梦者制服并且抓了回去。现实生活中，梦者的确无法将公司弃之不理，但也无法取得新的突破。再将这两个关键人物和梦者整合在一起，这两个人物其实都是梦者自身的某一面，梦者就是集热情、奔放、理性、固执，有时候还有盲目和僵化于一体的，所以禁锢梦者的，其实也是梦者自己。当咨询师将梦解读给梦者后，梦者若有所思，说回去好好思考一下。

死亡梦：提示你的转化和新生

很多人都很害怕梦到死亡，觉得梦到死亡是不好的、不吉利的，意味着即将发生坏的事情或者有灾祸要降临。然而，佛教并不认为死是坏事，也不认为死是结束，而是认为死是相对于生的另外一种存在状态，死亡是通往生之后的那个存在状态的一个节点和枢纽。

释迦牟尼的死就不叫死，而是叫涅槃，也叫“圆寂”。涅槃是对烦恼、欲望、生死诸苦的最后克服，是宗教修行实践的目标和结果，它超越一切苦乐，犹如打铁时四处飞溅的火花，瞬时即逝。在西方，基督教里的耶稣死后还会复活，这个故事更明确地提示了死生之间的转化。

精神分析认为人类深受集体意识的影响，而这个集体意识就包括宗教，无论是否皈依，是不是信徒，那种潜移默化的影响都会深入我们的潜意识里，成为我们的一部分。所以死亡在宗教里的意义，也是其在心理学上的意义，象征着子人格的消亡，矛盾冲突的解决，达到相对统一和谐的状态，而这个状态就是一个新的状态，是一种转化和新生。

我梦到M的头断了，是被人谋杀之后砍断的。警察找到了

M的头，他的头上还戴着鸭舌帽。断头刚开始被放在一张桌子上，帽子稍微遮盖了一下他的半边脸。我心里害怕，想看但又不敢看，后来警察将他的头和身体缝合在一起，我感觉很震惊，内心深处还有一种隐隐的悲恸。

M是梦者的前同事，给梦者的感觉是老实、憨厚、温暖，但有点不思进取，缺乏拼搏奋斗精神，在意识层面，梦者对M有一种复杂的情绪情感。梦者既认定他是一个温暖可靠的朋友，又不满于他不思进取的状态，这导致梦者既想靠近他，又不想靠近他，这种状态与梦者的父亲带给梦者的感觉比较类似。

梦里M的头和身体分离了，“头”象征的是理性、智商、智慧，“帽子”意味着掩饰。梦者特别看重头部，想看M的头却又不敢看，是因为梦者想要理性和智慧带来的“温暖可靠”，但又害怕得到的是死亡的“狰狞、惊吓和丑恶”，这提示了梦者对理性和智商的重视。

梦者对躯干没有什么特别的感觉，觉得躯干是死了就是死了，躯干包含着身体和情感。这种头和躯干的分离，也是梦者理性和情感以及身体的分裂，在现实生活中的体现是，梦者最近感觉头脑运转得特别快，经常感觉不到饥饿，或者即便感觉饥饿也不想吃东西，而且感觉到身体的冰冷和麻木，觉得穿很多衣服都没法暖和起来，月经也停了一个月没来。

另外，“死”这个状态让梦者感觉悲恸，感觉可以给予支撑自己的力量似乎又少了一些，但同时又有一种解脱束缚的独立感和自由感，这也是一种转化和新生。

梦到蛇：你的智慧被唤醒了吗？

在西方，蛇的原型可以追溯到伊甸园里引诱夏娃和亚当的那条蛇；在中国，蛇的原型可以追溯到白蛇和青蛇的传说。无论是西方还是东方，蛇都是黑暗、邪恶、诱惑、智慧和蜕变的象征。

在亚当和夏娃的故事当中，蛇充当了一个智者的角色，引诱夏娃去吃苹果，导致了原罪。在白蛇和青蛇的故事里，蛇是女妖，专门勾引人类男性，最后将他们吃掉。同样的勾引和诱惑，这种勾引和诱惑是不被社会道德接纳的，所以是黑暗的，但勾引和诱惑又需要一定的智商和情商才能达到，所以又是智慧的。蜕变是在自然生活当中，蛇每隔一段时间就脱皮，完成一次新生。有智慧才有蜕变，有蜕变才能获得新的智慧，所以智慧和蜕变是和谐统一的。

连续两天晚上梦见蛇，好奇怪，前天晚上梦见跟四条蛇打斗，有眼镜蛇，也有小蛇，大蛇我就掐住它的脖子，不让它咬我，小蛇我就拎起它的尾巴往地上使劲甩几下，它就一命呜呼了。

昨天晚上的梦还比较清晰，一条大蟒蛇，在一个旅游景区。

景区里唯有这块地方是不让旅客去的，可我和另外两个人不知道是谁偏偏就对这里好奇。我们发现里面是废弃的水泥建筑，阴森恐怖，也像潮湿的山洞，有一些流水。等我们探进去看，蛇就游动了，但它不袭击我们，盘旋在我们周围，像在跟我们交流一样，后来发现我们竟然跟它成了好朋友，在这里玩耍起来。

后来蛇因为要帮我们做一件事离开了山洞，结果被景区的人用一个大陶瓷缸抬了回来，很奇怪的是，这个缸很像我奶奶火葬时我选的那些骨灰缸。我好像很愧疚，因为听景区的人说蛇要被困在里面养，不能出来玩了。今早起床全身酸痛的感觉，好累。

梦者自述：

我从小到大都经常梦到蛇，很奇怪，小时候梦到的蛇都是懒洋洋不动的，没有侵略性，我会选择避开它们。很清晰的一个梦是，在某村里出来那条路，我去上学，整条路上都是蛇，都没法下脚，我小心翼翼、一蹦一跳地，生怕碰到它们，怕把蛇惹毛了它们会咬我。

还有一个梦也是那条路，不过是在外边的国道边，两条蛇在一起，缠在树上，看着我放学回家，像要跟踪我一样。有时是在山上放牛，看见一条蛇想躲开它，可是怎么走都走不出，越走发现越多的蛇朝着我爬过来。最近这两年梦到的蛇都是很生猛的，我要与之抗斗。我一直很害怕蛇，我觉得蛇是地球上所有动物中我最害怕的一种，我觉得蛇代表的是邪恶、阴险。

咨询师分析：

蛇作为黑暗、邪恶、诱惑以及智慧的象征，贯穿在梦者的成长过程中。在这些关于蛇的梦中，梦者小时候的蛇是“懒懒的”“没有攻击性的”，这意味着梦者对自己的智慧是压抑的，“避开蛇”，也是对智慧是逃避的，“不敢抗争”即智慧还处于无意识状态中，未被激发。

当梦者长大，心理力量慢慢增长，于是梦就从开始的“不敢碰蛇”转变成“和蛇抗争”，最后“和蛇成为朋友”，也就意味着梦者的智慧通过抗争被慢慢唤醒，当然黑暗、邪恶、诱惑这些特质也随即浮现，这在现实生活中的表现就是梦者从习惯性顺从变得开始反抗，开始和领导出现争执对抗，在争执对抗中开始慢慢了解和理解领导，最后和领导达成了和解。

但在最后，“蛇被人用缸困起来”提示梦者的智慧被释放出来之后还是受困的，“奶奶的骨灰缸”提示这个困住梦者智慧的是亲人和家庭，这体现在现实生活中是梦者爱上了领导，可是却因为婚姻和家庭的缘故，无法和领导真正在一起，无法获得真正的自由。

第八章

自我意象——打开积极情绪的大门

意象原理

意象对话，从精神分析和心理动力学理论的基础上发展而来，这一技术创造性地吸取了梦的心理分析技术、催眠技术、人本心理学、东方文化中的心理学思想等。它通过诱导来访者进行想象，了解来访者的潜意识心理冲突，对其潜意识的意象进行修改，从而达到治疗效果。

这项技术由国内心理学家朱建军首创。他从1987年开始从事心理咨询和治疗，于20世纪90年代创立了心理咨询和治疗的意象对话技术。在心理学研究领域，他是一个思考者和尝试者，致力于研究精神分析、释梦、催眠等技术，并结合丰富的中国文化开创出意象对话治疗技术。

意象对话在现如今被越来越广泛地运用，正式用此技术治疗过恐惧症、抑郁性神经症、癔症、焦虑症等多种神经症，效果显著，特别适用于恐惧症和抑郁性神经症，对身心疾病有一定的疗效，对正常人的情绪问题、心理发展问题也有很大作用。另外，意象对话对儿童疗效更为显著。可能是因为儿童想象力更丰富，形象思维占优势的缘故。

意象对话过程：

1.姿势。

意象对话对外在条件的要求不多，来访者可以保持坐的姿势，如果有躺椅，半躺的姿势也可以。

2.说明。

在实际操作之前，首先要简要说明这个方法，从而引入意象对话。简要说明主要是为了让来访者有安全感，不会因突然做一个不熟悉的操作而担心。

3.放松。

让来访者调整一下姿势，调节一下呼吸，要来访者闭上眼睛，并进行放松指导。

4.想象过程。

治疗师可以先设定一个意象，并诱导来访者去想象它。当来访者进入了一个意象并能比较自发地出现某种状态，意象对话就实质性地开始了。

5.意象互动。

治疗师根据来访者的意象，了解和体会到了来访者的心情，知道了来访者的防御机制等，就可以根据需要，通过意象形式运用会谈技术、支持或质疑技术与来访者互动。双方都通过描述意象来表达自己，以此方式进行对话，则此对话直接作用于人格的深层以及原始精神机构。

【心理训练】——意象对话之前的自我调整

在进行正式的意象对话治疗之前，心理咨询师都会留出10分钟左右的时间，让来访者自我调整。

1.选择一个安静、舒适的空间。你可以坐在柔软的沙发上或者是躺椅上，选择一个让自己放松的方式，如将腿放平或适当抬高。

2.闭上双眼，减少杂念，开始想象。想象自己置身于“放松意向”中，如想象自己置身于森林深处，盘腿坐在岩石上，微闭双眼，两手自然地放在膝盖上。

3.想象“你”（身处放松意向中的自己）在舒缓有节奏地一边呼吸森林中的清新空气，一边吐出心中的浊气。反复练习30次左右。

4.练习结束。“你”从“放松意象”中离开，回到现实场景，并起身活动、舒展身体。

接下来，就可以正式进入心理咨询环节了。

森林小屋：自我·潜意识·自我认知

自我意象是心理咨询中经常运用的一个意象手段，因为这个意象涵盖的内容比较丰富全面，包含自我、潜意识、自我认知等。在自我意象当中比较关键的意象是小屋，包括小屋外部以及内部的陈设，这代表的是意象者的内心状态。小屋越简陋说明意象者内心状态越简单，反之则越丰富。

小屋里面陈设的物品也很有象征意义，需要仔细追溯。

地下室代表的是潜意识，地下室里通常会藏着许多物品，追溯那些物品的故事也就是挖掘隐藏其中的情结以及情绪情感，有些人的地下室一片漆黑或者什么也看不到，这通常代表的是意象者的阻抗，是对深入认识潜意识的抵触和排斥。这时，可以让意象者看久一点，也可以下次再继续看。

上楼梯的镜子是意象者对自我的认知，如果镜子里面的人与现实中的自己是一致的，说明意象者对目前状态的接纳；如果不一致，说明存在不接纳的状态，需要根据其中的不一致进行深入分析。

接下来我们看一位学员的**自我意象**。

一开始，这条路非常宽阔美丽，两边是大片的草地，阳光非常灿烂。走着走着，它越来越狭窄，我想我应该是走进了树丛中，两边的树木越发的茂密，阳光一点一点被遮住，美好的感觉在消退，周围甚至开始有了阴森的感觉。

我加快了脚步跑起来。

那间屋子隐藏在路旁的丛林中，需要穿过层叠的树木才能绕过去。

这条小路走得我越来越不舒服，只剩了窄窄的一条，挤得让人有点喘不过气来，我实在没有勇气继续走下去。看到小屋后，我毅然决然地离开了那条蜿蜒的小路，钻进树丛里。

小屋的外形很普通，是一间平平无奇的小木屋，就在密林当中的一小片空地上，屋前居然还有一小块花圃，花开得很艳，小小的一朵，密密地挤在一起。

屋子里没有人，静悄悄的，没有开灯，但并不阴暗，我有种回家一般的舒适感。

屋子里面的陈设也很简单，很舒服的沙发躺椅，铺着软软的地毯，椅子旁边的小桌上有一根蜡烛。我想点燃它，让屋里多些温暖，但并没有在屋里找到打火机或者火柴。

我打开地下室的门，想象着应该是一间堆满了杂物、满是灰尘与蜘蛛网的地方，可是意外地发现了一间工作室，有画画写字的大书桌，有一个小小的茶台和一应俱全的茶具，墙上挂着一些乐器，吉他、小提琴之类的。

地下室没有窗户，但屋里的灯光很柔和，很舒适，它一点都不像个地下室。

看完地下室后，我在上楼梯的转角里看到了一面镜子，在镜子里面，我看到了一个形容枯槁的老太婆，双目无神，非常的灰败。头发干枯稀疏，穿着破烂，手里拿着一根长长的树枝当拐杖。树枝很长，高过头顶，最顶端有些新鲜的嫩叶和一些红色的果实。

我看着她，她的眼神很空洞，不像是在看我。我没有感觉是在照镜子，而更像是在看一幅画。我觉得这是一个陌生人。我不觉得她是我。

也许这压根不是一面镜子。

咨询师解析：

该学员不愿意进行自我解读，但是倾诉了目前的生活状态。咨询师结合学员目前的状态进行了解读。

学员自述开始从草原到森林的路没有过渡，是直接进入的，缺乏一个缓和的层次感。咨询师结合上一次的绘画作业观察分析，该学员的界限特别明显，从一个部分进入另一个部分的速度很快，比如可以突然就开始哭泣掉眼泪，又可以突然就收起眼泪谈笑风生。从广阔的草原走进阴冷的森林，结合绘画的体现是从上半部分的阳光暖色调进入下半部分的阴暗冷色调，该学员刚开始给人的感觉是阳光、温暖、充满感情的，但是走近之后会发现她也有自己的条理、理性以及情绪纠结的阴暗面。

进入森林，有了“阴森”的感觉，于是“立刻跑起来”，当进入比较深入的部分时，该学员开始逃避和回避问题，这是和“跑”对应的。

“小路越走越窄”，这条路也是学员的人生之路，目前她就处于一种觉得自己的人生之路越走越窄的阶段，对应到现实生活就是，辞职生孩子、带孩子，现在面临重新工作的焦虑；和丈夫关系出现危机，她考虑过离婚，但是觉得离婚之后自己无论是在物质还是情感层面都无法自立，所以她潜意识中觉得“路越走越窄”。

路还在往前蜿蜒，但是她已经没有走下去的勇气，这时她看见旁边有个屋子，于是毫不犹豫就钻了进去，这代表着学员目前渴望休息或是以某种形式逃避。

屋子代表的是我们的内心。屋子前面的鲜花是我们生活中的美好事物，屋子“没有开灯，但是不阴暗”“舒适”，这也是目前学员的舒适区。“要是点蜡烛氛围会更好”，“蜡烛”在这里代表着自我成长，学员觉得自我成长了会更好，但是不成长好像也挺舒服的。最后“没有找到打火机或者火柴”，这也代表学员潜意识中没有选择自我成长（虽然她参加了成长小组，但是她可能不是为了自我成长）。

地下室和学员想象的不一样，她想象的是蛛丝网、灰尘，但实际是一个美好的工作室。地下室代表我们的潜意识部分，该学员对自己有很多评判，特别是探索到潜意识时，总觉得“这个不好”“那个不行”，但实际上，她的潜意识里隐藏着许多美好的东西等待她去挖掘。

转角上楼看镜子是学员最纠结的部分，她看见镜子里面是一个拄着拐棍的老太婆，可是为了否定镜子里面的老太婆是自己，她否定了镜子的存在，认为“那不是镜子，是画”，而为了否定画是自己画的，她否定了屋子的主人是自己。同时，还否定了画是主人画出来的，认为是主人买的。

无论那个老太婆是镜子里面的人物还是画里面的人物，无论是主人自己画的还是买的，无论主人是不是学员自己，这些都不重要。重要的是，学员的想象中出现了她。学员越是否定，越是纠结，说明她跟这个老太婆的关系越是密不可分。镜像代表的是潜意识对自我的认知，所以学员潜意识中认为自己就是一个即将踏进棺材的老太婆，是生命快要走到尽头的人，但是她又不甘心、不服气，于是让老太婆的拐棍上面长了“嫩叶”和“鲜红的果实”，这就是某种希望。绝望和希望集于一个画面，这也是学员给人的感觉——矛盾、纠结。

成长方向：**放下评判，接纳自己，让情绪随着意识自然流动，打破人为划分的界限，让自己的三个部分融合，从而实现自我整合。**

【心理训练】——意象·森林小屋

提示：在意象的过程中，如果出现了你害怕的事物或者情景，请告诉自己，那些都是想象的、非真实的。

1.选择一个安静、光线比较暗淡、不被打扰的环境（可配合缓和轻柔的纯音乐）。

2.深呼吸几次，让自己慢慢平静下来。

3.闭上眼睛开始想象：我从家里出门，走在一条森林的小路上。

描述小路的样子：

____

____

描述沿途的风景：

____

____

走着走着，我看到了一间屋子。描述屋子的外观：

____

____

我进入了屋子。描述屋子里面的情况：

____

____

我发现小屋一共有两层，于是我走上了二楼。描述二楼的场景：

____

____

看完二楼后，我在下楼梯的转角看到了一面镜子。描述在镜子里面看到的内容：

____

____

之后我回到了一楼，出门，再穿过森林的小路回家。

4.结束。

三岔路口：抉择

三岔路口也就是三条路同时存在的一个关键地点，在这个点上，因为只能走一条路，所以人们必须停下来考虑和选择，而只要面对选择，人们多多少少总是会存在焦虑。在意识层面，人们可以将每条路的利弊都分析得一清二楚，可最后还是无法做出抉择。这时，如果咨询师通过意象引导个案，通常就会出现这样的一个三岔路口的意象，而在意象当中，因为屏蔽意识层面的干扰，潜意识很快就会浮现，抉择也会变得明朗和清晰。

D是一个海员，今年40岁，因为常年漂泊在海上，导致他很难寻找合适的伴侣组建家庭。D之前也有过女朋友，但最后都因为他经常不在身边而以分手告终。最近D认识了一个女孩，两人的关系发展到了可以谈婚论嫁的地步，D向女孩求婚，但女孩有一个条件就是要求D必须辞去海员工作，原因是女孩认为自己没办法独自承担家庭责任，包括一个人带孩子。D一方面无法舍弃工作，另一方面又无法舍弃女孩，因为无法抉择感到非常焦虑，于是前来求助。

咨询师由焦虑着手，引导D做了一个意象，D自述穿过一片浓雾到了一个三岔路口，左边、中间和右边都是路。

咨询师继续引导其探索左边的路。D自述左边的路通往悬崖峭壁，再继续走下去就会摔得粉身碎骨；咨询师引导其回到原地去探索中间的路，D自述中间的路前面有一团浓浓的雾遮挡着，无法看清楚，似乎没有路了。咨询师继续引导其回原地探索右边的路，D自述右边的路可以走，就是有个女鬼，那个女鬼会伤害自己。

双方根据这个意象进行讨论，D认为左边的路代表的是选择继续做海员，如果继续做海员，职业生涯似乎也到了一定的瓶颈期，无法升职，所以是一条绝路；中间的路代表的是不做选择，继续海员工作，也继续和女孩保持关系，可是这条路之前尝试过，但走到目前好像也行不通了；右边的路代表的是和女孩结婚组建家庭，这是他觉得唯一可以行得通的路。意象里面的女鬼即女孩，D潜意识中担心女孩会伤害自己。继续深入讨论，发现D小时候曾经被母亲抛弃，这样的经历导致他对女性有一种戒备、防御和不信任，总觉得女人都会像母亲一样抛弃自己，伤害自己。对待这个女孩，他就处于一种矛盾状态，既依恋又抗拒，就像他对母亲的感情。看到这个问题之后，D最后明白了自己内心深处最想要的是什么，焦虑也消失了。

【心理训练】——意向·三岔路口

1.选择一个安静、光线比较暗淡、不被打扰的环境（可配合缓和轻柔的纯音乐）。

2.深呼吸几次，让自己慢慢平静下来。

3.闭上眼睛开始想象：我迷路了，身处陌生的森林，一直走啊走啊，天很快就要黑了，我非常焦急，这时眼前出现了一个三岔路口，到底该走哪一条路呢?

想象左边这条路的样子：

____

____

想象中间这条路的样子：

____

____

想象右边这条路的样子：

____

____

乌云：沉重的情绪

当人们情绪低落或者郁闷时，绘画时经常无意识地通过“多云”或者“阴天”的画面表现出来，云越多，颜色越深，通常说明情绪越重，如果达到乌云的程度，说明情绪已经达到了一定的极限，再不处理就会出现心理问题。

与绘画投射一样，在意象对话当中，当人们处于沉重的情绪状态之下，脑海里通常也会自然而然地浮现出乌云的意象。“乌云”给人的感觉是沉重的、令人不快的，深入其中又会感觉它是令人迷失的、迷茫的、找不到方向的、恐惧的、未知的、危险的。所以当人看到乌云时，本能地就会想逃避。好不容易进入乌云，发现里面空无一人，只剩下自己茫然无助，于是又想要继续逃。这时，要是选择好好在乌云里面待一段时间，事情往往会出现转机，待在乌云里面，其实也是接纳负面情绪的过程。

O最近因为男友要和自己分手，而且朋友也在责怪自己虚伪，感到特别焦虑，除了整宿失眠，白天工作时听到手机的响声，哪怕是震动，双手也会不由自主地颤抖。这对O的工作造成了很大影响，于是她选择前来求助。

咨询师针对O的焦虑情绪引导她做了一个意象，O自述看见自己在一朵乌云的前面，那朵乌云特别黑，让她感觉胸口特别闷，特别难受。咨询师引导其在乌云前面停留了一会儿，体会那种“闷”和“难受”，当O感觉难受的情绪得到缓解之后，继续引导她深入乌云里面。

刚开始，O自述里面一片黑暗，什么都没有，只有自己一个人，她感到很茫然、无助，也很害怕，咨询师引导其继续待一会儿。慢慢地，O开始流泪，说乌云开始下雨了，她在淋雨。渐渐地，O止住了眼泪，说雨停了，乌云散去，天空慢慢变得亮堂起来，虽然还是感觉茫然无助，但已经不再那么害怕了。再继续，阳光穿过乌云照在了她的身上，她开始站起来跳舞，感觉内心的郁闷慢慢消散，她开始感觉到一股自由快乐的力量从内心升起。

意象结束之后，O自述她突然领悟到，虽然亲密关系带给她很深的伤害，可是她还是有很多朋友。即便有些朋友不喜欢她，但还是有别的朋友喜欢她，她只要跟喜欢自己的朋友在一起就好，其他人可以断绝关系，不再往来。

后来，O再也没来咨询过。

【心理训练】——意向·乌云

1.选择一个安静、光线比较暗淡、不被打扰的环境（可配合缓和轻柔的纯音乐）。

2.深呼吸几次，让自己慢慢平静下来。

3.闭上眼睛开始想象：某天午后，我在公园散步，突然乌云密布，公园里面的人都走了，只剩下我自己。

天空顿时被乌云笼罩，这时的感受是：

____

____

我很想知道乌云里面是什么样子，于是来到了乌云面前。记录此时的感受：

____

____

我发现自己没那么难受了，于是想走入乌云，一探究竟。进入乌云之后，记录此刻的感受：

____

____

下雨了，雨越下越大，我浑身上下全都湿透了，很冷。记录此刻的感受：

____

____

很快，雨停了。阳光穿透乌云照射在我身上，彩虹出来了。记录此刻的感受：

____

____

特别附赠1：运动疗法

我在TED上看到过一个演讲视频，说的是一个跑马拉松的故事，演讲者是一位患病6年的抑郁症患者。她是一个公众人物，从小在镁光灯下长大，工作很好，受万人瞩目，但是她却没有从工作当中得到任何成就感，一直觉得没有突破自己，直到她开始跑步，从400米都跑不下来的小胖子变成跑全程马拉松的选手，成就感才随之而来。与此类似，很多在工作和生活当中找不到成就感的人们，也能在户外运动当中得到。

从生理学角度来看，持续进行50分钟以上中等强度的有氧运动可以使大脑皮层产生内啡肽、多巴胺等缓解情绪，并产生快感以及愉悦的化学物质。当体内产生大量多巴胺后，人的心情也会变好，而内啡肽则是为了抑制痛苦而生的，虽然不会让人变得更快乐，但可以帮人减少痛苦。

目前在抗抑郁的治疗过程中，精神科医生开出的抗抑郁的药物其实主要也是根据这个原理来运作的。也就是说，抗抑郁的药会人为地促进体内分泌血清素等可以让情绪缓解的化学物质，从而达到缓解抑郁的目的。但是药物治疗存在一些问题，一方面，剂量可能比较难以把握，需要不断调整，在调整的过程中容易出现极端的情绪，要么太过躁，要么太过郁。此外，有一部分抑郁症患者对药物产生了耐药，不管怎么吃药都没什么感觉和效果；另一方面，长期使用药物会造成依赖性，这种依赖性主要是心理上的不安全感引起的，很多患者会觉得不服药自己就没办法好起来，哪怕客观看来他其实已经慢慢好起来了，但是患者自身不相信，于是会不自觉持续依赖甚至加重药物，导致一旦停药，就会陷入更严重的抑郁之中。

因为运动在某些方面可以接近类似药物的效果，所以很多心理医生会建议抑郁症患者每天保持适量的运动，这对一般的抑郁情绪或轻度的抑郁症效果显著。另外，因为内啡肽、多巴胺的作用，所以适量运动对缓解一般的焦虑、躁狂情绪也有很大的帮助。

森森患有中度抑郁症伴随焦虑，害怕与人交往，工作效率大大降低，吃药之后觉得抑郁变得更严重，于是寻求心理咨询。咨询一段时间之后，森森想要寻求某些辅助手段来缓解抑郁焦虑，咨询师建议她可以尝试中等强度的有氧运动。森森最后选择了跑步结合肌肉训练。一段时间之后，森森的抑郁焦虑情绪得到很好的缓解，同时因为和健身房的教练建立了比较好的关系，教练对她也比较关心照顾，慢慢地，森森可以进入正常的人际交往状态，工作效率也慢慢在恢复中。

除了内啡肽、多巴胺对情绪的直接调节作用，通过运动增强体质、减少生病，也可以消除因为身体不适引起的焦虑和抑郁情绪，因为有一部分焦虑、抑郁就是源于身体不好。同时，运动还可以促进睡眠，而睡眠是一种回归自我的象征，能够很好地回归自我，人也就容易保持相对的健康。很多处于亚健康状态或者神经症状态的人们出现失眠状态，本质上也是无法回归自我导致的一种分离现象。

长期坚持一项运动，还能建立和维持内心的秩序感，而这种秩序感会带给人一定的安全感，当人获得一定程度的安全感后，抑郁焦虑情绪也会得以缓解甚至消失。

同时，通过运动，特别是玩得好的运动，可以增强人的自信心，让人们得到外界的肯定，从而获得一定的满足感和成就感，这些都可以对缓解焦虑、抑郁起到很好的促进作用。

此外，通过运动而结识的朋友也是一种人际关系，这种人际关系是一种社会支持系统，对我们融入社会有很好的帮助作用。

人本主义心理学之父马斯洛提出的高峰体验就比较常见于户外登山运动中。高峰体验是指一个人在短时间内处于一种无我的、非常愉悦和美妙的状态。处于高峰体验的人，会暂时脱离现实，不受外界的干扰，像是处于一种真空却妙不可言的状态。

这种体验的时间通常非常短暂，可能几秒钟、几分钟，最长不会超过一个小时。高峰体验会出现在很多场景，比如看到大自然的美景、深夜独自读书、写文章、和美好的人谈话，等等。其中，看到大自然的美景最容易引发人们的高峰体验。经过艰苦的努力终于见到某一处美景，我们通常会说“惊呆了”，如果真是呆住不敢呼吸也听不到外界的声响了，那可能就是处于高峰体验了。

我曾经有过一次高峰体验，那是深夜打的经过西湖，看到西湖的那一刻，呼吸似乎暂停了，脑子一片空白，烦恼一扫而空，觉得所有的凡尘俗事不过都是过眼云烟，心里变得很纯净、平静，感觉愉悦、美妙。这种体验持续了很短时间，可能只有几秒，很快我就回过神了，但是那种感觉让人回味无穷，终生难忘。

在马斯洛需要层次的金字塔当中，自我实现的需要处于金字塔的顶端，而马斯洛研究发现，自我实现者经常有高峰体验。这可能是高峰体验可以带给人一种开阔、深远、平和、安宁的情绪状态，而这种情绪状态让人在面对挫折和逆境时更加镇定自如，从而有利于问题的解决。

【心理训练】运动疗法

1.你最喜欢/最擅长的运动是什么？

____

如果暂时没有或者自己也不清楚，那么可以考虑根据自己的兴趣一一尝试，直到确定为止。因为人的时间和精力有限，所以与其他的兴趣爱好一样，运动也不需要多，只需要精。因此，当你确定之后，选择其中一项运动，开始付诸行动。

2.你准备从事的运动项目：

____

3.根据自身的时间和精力安排运动的频率：

____

一般一周2—3次，如果实在做不到，那一周1次也是可以的，或者两周1次，最重要的是，要养成规律和习惯。

4.准备加入哪些运动团体：

____

可以加入特定的运动群，和有同样需求的伙伴们一起，大家一起约伴，一起交流，一起进步。

5.为了提高运动技术，你准备怎么做？

____

____

有意识地提高自己的技术，挑战更高的难度，这样做可以带给自己信心，从而增加运动兴趣。你可以通过学习、聘请教练、自己摸索等方式练习。

特别附赠2：用艺术化解内心躁郁

有些时候，单纯依靠语言，无论是口语还是文字，都很难表达清楚自己的细微情绪；有些时候，我们也并不想没完没了地通过说话来进行倾诉，还有一些人群，由于天生的残疾，无法通过语言来进行表达。这时，我们就可以通过艺术的方式进行表达。

比较常见的艺术表达有绘画、舞蹈、音乐、戏剧等，人们通过这些方式表达内心的思绪、感受及经验，构成了一个丰富多彩而生动的非语言心理治疗谱系。

艺术治疗的核心魅力到底在哪里？不会画画、不会跳舞、不会唱歌、不会乐器、不会演戏的人可不可以进行艺术治疗？

比如，如果你很烦躁，但具体的烦躁状态到底是怎么样的呢？用语言来描述，你或许可以说自己坐立不安，在屋子里走来走去，不断抽烟，还可以继续深入感觉内心似乎有一团火，烧得很旺，让人燥热不安，难以忍受。这时，如果通过绘画的方式来表达你的烦躁，在绘画的过程当中，你的烦躁就随着你的画笔宣泄了出来。当你画完你的烦躁，不管你画的具体是什么，都不太重要，重要的是你的烦躁固着在了画纸上。烦躁也是一种能量，你的能量随着画笔的舞动而得以释放，并且释放结束之后，你还可以就着这个客体来进行再次的觉察和分析。

小云是一名学生，最近因为和同学关系紧张导致抑郁焦虑，害怕去学校，害怕和人打交道。通过心理咨询了解到，小云对班上的某个女生特别憎恨，因为感觉对方在背后污蔑自己，让自己丢脸，有时候甚至有想伤害对方的念头。

咨询师建议她将那个女生画出来，画出来之后小云还是觉得气愤难平，咨询师询问她接下来想要怎么处理，小云说想要用笔戳画里的女生。咨询师允许了。小云对着画戳了很多麻点，直到把纸张戳烂才停下手。咨询师继续询问接下来怎么处理，小云说想要将纸狠狠地揉成一团，用脚踩几下。咨询师继续允许。小云踩了几脚，觉得还不够，于是将纸捡起来一点一点地撕碎，最后丢到垃圾桶里。做完这一切之后，小云说心里的那口恶气出了，不想再伤害那个女生了，并且愿意尝试回学校继续上学。

如果你通过舞动来表达你的烦躁，那么随着你肢体的舞动，烦躁这股能量也会被消耗，最后还有可能转化为一种平和的状态。如果你通过唱歌来表达你的烦躁，那么烦躁也会附着在歌声上，随着歌曲的结束而消散。

小光最近总是感觉烦躁不安，有一天他听音乐，听着听着突然有一股想要扭动身体的冲动，于是他站起来跟着音乐的节奏去摆动身体，跳完一首曲子之后，小光感觉身体活跃起来，充满了能量，那种烦躁的感觉也消失了。后来，小光慢慢开始喜欢上舞动这种方式，有时候即便没有负面情绪，但只要心中有所触动或者有所感觉，就会通过舞动的方式去表达和捕捉，这种越来越能捕捉自己的感受，理解自己，和自己越来越亲近的感觉让小光情绪越来越稳定，越来越柔和，深受周围人的喜欢。

所以艺术表达的核心魅力在于，艺术本身就是一个客体，当你进行艺术表达时，你就在自我对话，不需要打扰别人，也不会伤害别人，隐秘、安全，并且以充满柔情的方式深入内心的最深处，释放痛苦，抚慰创伤。

有没有艺术天赋并不重要，会不会某些艺术技巧或者技术也不重要，艺术表达的重点不在于“漂亮”“好看”，而在于“表达”，只要表达是真实的，那么就是有疗愈效果的，越是放开自己去表达，效果就越好。

通过艺术表达，我们或许可以发现自己的另外一个方面，另外一个维度，从而丰富自己，让自己变得更有层次感，达到更好的整合和成长。

【心理训练】——用艺术化解内心躁郁

选择自己喜欢的艺术方式，或者每种艺术方式都去尝试，可以固定一种方式，也可以多种方式结合起来。注意，不要拿专业人士和自己做比较，你的重点是表达自己。

1.第一次绘画带给你什么感受？觉察、思考。

____

____

2.第一次舞动带给你什么感受？觉察、思考。

____

____

3.第一次玩乐器带给你什么感受？觉察、思考。

____

____

4.第一次演戏带给你什么感受？觉察、思考。

____

____

5.第一次唱歌带给你什么感受？觉察、思考。

____

____

特别附赠3：自我成长之路

“要是你看不到路，那就必须要把世界装到脑子里。”

这句话是一句台词，来自德国文艺电影《另一个故乡》。看到这句话的瞬间，我的脑海里浮现的意象是一个孤独的少年站在群山之巅，张开双手，俯瞰和拥抱世界。

从意象层面来分析，人们看不到路，是因为站得太低，被眼前的丛林遮住了双眼，无法眺望远方。假如人们站得够高，那么丛林就无法再遮住我们的双眼，我们就可以眺望远方，清晰地看到蜿蜒的路径。

“丛林”代表的是生活中的羁绊和枷锁，包括琐碎的家务，纠缠不清的情绪情感，人情世故，各种关系，社会道德和规则，等等。很多看不到路的人们，就是被这些东西遮住了心灵的眼睛，甚至被困在“丛林”里，无法钻出来。这种遮住人们视野的丛林，一般是长在山脚或者半山腰上，这也代表着被困住的人们的意识还处于发展阶段，突破了懵懂，但还不够清晰，处于模模糊糊、似是而非、若即若离，能感觉到什么但又抓不住，懂得点什么又懂得不够透彻和坚定的阶段，这个阶段最让人纠结、焦虑和痛苦。

怎么办呢？

如果不想再看到路，或者可以接受看不到路的状态，那么你就可以打住，停留在原地或者折返，接纳即可。

如果你还是想看到路，或者无法忍受看不到路的状态，那就继续往上爬。这个“爬”的动作代表的就是自我成长。

如何自我成长呢？

方式当然有很多，主要是从**社会系统**和**自我系统**两方面着手。

社会系统包括多和喜欢思考、有自己独特见解的人接触、交往和交流，虚心向别人请教和学习，包括免费的也包括付费的，如果你对付费存在阻抗，那打破这个阻抗也是你继续成长必须要做的事情。

自我系统包括多阅读，而且要读经典原著，尽量避免阅读流行的通俗读物，除非是用来调剂阅读经典著作的劳累和疲乏的。因为经典之所以经典，是经过时间筛选和沉淀的，里面蕴含的思想结晶是经过追溯、推理、论证和整合的，或者是作者的亲身经历，那种心路历程会带给你更多的共情和共鸣，也对你更有说服力，这种说服力更多的是指向潜意识的。比如，读完之后你的感觉可能是“哦，原来几百甚至几千年前的古人也有与我类似的经历”，这时就有了共鸣和共情。再看看古人是如何解释和分析这个问题的，你就开始理解自己，一旦开始自我理解，能量就开始流通，成长也随即到来。成长越深入，需要阅读的著作也越艰涩，一般的通俗读物是无法满足人的深层次的心灵需求的。

通俗读物可能也会讲很多很好的道理，但缺乏一个追溯和论证的过程，因而你常常读完之后觉得有道理，但是对你没什么帮助。大多数时候，你可能只会觉得很爽，爽完就结束了，或者用那些道理来要求和束缚自己，让自己更痛苦。有些作者可能也会讲述自己的亲身经历，可能你也会产生共鸣和共情，但这些作品在引导你去认识和理解自己方面通常是欠缺一个系统的理论的。

简单来说，经典是帮助你认识、了解和理解自己，在认识、了解和理解自己之后，你自然而然地就会找到并走上人生之路，而通俗读物更多的是告诉你应该怎么去做，而那个未必是你的路。

好的电影和好的书籍一样，也会拓展和开阔人的视野和心灵。我建议人们不要总是看励志电影，**多看看观察、记录、描述、探索和剖析世界和人性的文艺电影**，前者看完的确会让人很激动、振奋人心，给人一种心潮澎湃和积极向上的感觉，但那种感觉往往是短暂的，缺乏一个持久的内在驱动力，或者说能量源泉。这是因为励志电影和励志书籍一样，只是给你展示了别人的成长，以及成长之后的各种美好，导致你可能也会很想走那样的路，然而那样的路未必是你的路，所以激动和澎湃之后你可能还是会继续焦虑和茫然。

励志电影能触动的情绪是表层的，但**很多好的文艺电影，是可以触动人的核心情绪的，一旦触动人的核心情绪，变化就会自然而然地发生。**

除了阅读古典书籍和观看电影，我还推荐聆听古典音乐。我推荐古典音乐与高雅或者低俗没有关系，而是因为古典音乐和经典书籍一样，经过几百年的筛选和沉淀，最后留下的是精华，而这个精华是可以触动人的核心情绪，并对创伤进行疗愈的。

无论是思考、交流，还是阅读经典著作、欣赏文艺电影或者聆听古典音乐，都是在把世界装进自己脑子里的过程。当你的脑子里储存了足够多的知识和信息，你再通过思考将其进行筛选、鉴别、整合和转化（很多时候，储存和转化是同时进行的），你的格局就开始确定，这时你就可以看到你的人生之路。

当然，人生之路很漫长，你可能需要不断地爬上一座又一座的山顶去眺望和寻找，这个寻找的过程也是人生。

特别附赠4：音乐疗法与推荐清单

跟着音乐自由联想，能够实现迅速放松的目的。

当我第一次听到罗曼的《快乐的农夫》这首短小欢快的曲子时，心情不禁被带领着走向明朗和雀跃。我戴着耳机，坐在公园里，一边单曲循环这首曲子，一边跟着曲子放飞自我。

这首曲子让我眼前浮现出一个画面：一个身穿灰色粗布麻衣的小男孩，蹦蹦跳跳地走在一望无垠的田野上，他嘴里叼着一根狗尾巴草，哼着歌，阳光似乎也跟着他一起跳跃。他周围的田野是秋收后的黄褐色，有野草和麦茬，还有一些虫和鸟在低声鸣叫。

沉浸在这样的画面里，不禁让我想起小时候的一些好玩有趣的事。

浮现在脑海里的是我和一群小伙伴在竹林里一起比赛爬竹子，大家选好各自的竹子，呸一口唾沫在手上，双手快速来回揉搓，然后抓在竹竿上比自己高一点的地方，双脚也停在竹根上蓄势待发，一听到“开始”，立刻手脚并用，“吭哧吭哧”地往上爬。最后爬到竹子的3/4处，将脚叉开，一屁股坐在竹丫上，一边用胳膊环抱着竹竿，一边随着竹子的迎风摇晃而摇晃，那种和风拂面的感觉让人惬意万分。

除了拂面的风，还有竹林边上的湖水，微波粼粼，惹人遐想。那时我就开始遥想，山那边的世界是怎样的？未来又是怎样的？那时的我就坚信有一天自己肯定会走出这片群山，去到山那边的世界，到那时，山那边世界里的我，又会如何看待现在坐在竹子上摇晃的我呢？

那时的我，应该长大了，长大之后的我，又会如何看待现在六七岁的我？未来让人憧憬，过去也让人留恋。

现在，我就坐在公园的石椅上回头遥望那个童年的自己。这是一种什么感觉呢？有点新奇，有点五味杂陈，似乎可以看到童年的那个自己明亮又梦幻的眼睛，像熠熠生辉的星星，纯净又带有哲思。我坐在她旁边的竹子上，看到她的侧影，她在凝望远方，若有所思，嘴角带着一抹微笑，两根麻花小辫有点散乱，毛茸茸的，随风微微颤动，阳光也是，跟着风一起颤动。她仿佛进入无人之境，小伙伴们的喧哗声无法干扰她，她似乎活在另一个世界里。

看着她，觉得她是一个美好的存在，生命如此美丽，老天爷如此用心又如此不经意。

想起之前看的《超体》，单细胞要分裂多少万年才能分裂出如此丰富又美丽的生命？

假如生命就是不断分裂，不断地往前传递信息，那么，存在本身就担任着一个传递的载体，即便什么都不做，也依旧有用，如果做了一些什么，为自己增添或者改变了一些信息，那些信息铭刻在基因上，世代相传，那么，我们为生命作出的贡献也就因此更多一些。

生命不曾消亡，只是传递。

正如《超体》中的斯嘉丽·约翰逊所说："我无处不在。"

即将完稿的这本书上面附着的也是我的基因——文化基因、思想基因，我的生命也将随着这本书的出版而得以延续。想到这里，脑袋开始放松，心胸开始豁然。

【心理训练】——音乐治疗

选择一些轻松的，旋律优美的音乐，跟着音乐自由联想。

1.回忆第一次听这首乐曲时的情景：

____

____

2.当时你的心情、感受是怎样的？

____

____

3.当时在你的脑海中浮现出怎样的画面？

____

____

4.一曲结束之后，你的感受如何？

____

推荐清单

1.舒伯特：《小夜曲》、《鳟鱼》、《野玫瑰》、《C大调小提琴与钢琴幻想曲》、《冬之旅》、《C大调第九交响曲》(又名《伟大》)、《未完成交响曲》、《军队进行曲》。

2.舒曼：《快乐的农夫》《梦幻曲》《浪漫曲》《高贵的圆舞曲》《A大调浪漫曲》《A小调钢琴协奏曲》《月夜》《孩子入睡》《圣母颂》《第四交响曲》。

3.莫扎特：《安魂曲》、《第一长笛四重曲》、《单簧管协奏曲》、《德国舞曲》、《贝多芬主题回旋曲》、歌剧《魔笛》序曲。

4.维瓦尔第：《四季》《海上风暴》。

5.西贝柳斯：《第二交响曲》。

6.贝多芬：《第二浪漫曲》《悲伤圆舞曲》《G小调圆舞曲》《F大调浪漫曲》《月光》。

7.克莱斯勒：《维也纳随想曲》。

8.柴可夫斯基：《忧郁小夜曲》《1812年序曲》《如歌的行板》《第五匈牙利舞曲》。

9.李斯特：《第二匈牙利狂想曲》《第四交响曲》《叹息》。

10.门德尔松：《乘着歌声的翅膀》。

11.萨拉萨蒂：《吉普赛之歌》。

12.李斯特：《爱之梦》。

13.德彪西：《水中倒影》《第十五圆舞曲》《大海》。

14.巴赫：《四首大键琴协奏曲》《马太受难曲》。

15.普罗科菲耶夫:《彼得与狼》。

16.奥芬巴赫:《霍夫曼的船歌》。

17.沃恩·威廉斯:《“绿袖子”幻想曲》。

18.瓦格那:《葬礼进行曲》。

19.约翰·施特劳斯:《蓝色多瑙河》。

20.埃伦贝格:《森林水车》。

21.克莱斯勒:《爱的欢乐》。

22.肖邦:《夜曲集》《葬礼进行曲》。

特别附赠5：电影疗法与推荐清单

电影陪我度过黑暗的抑郁时光

在最抑郁的那几年，我无法进行正常的阅读和思考，是电影陪伴我走过了那段黑暗岁月，在那几年时间里，我看了1000多部电影，每看完一部电影我都会做个标记，写一些简单的短评，有些感触比较深的，就会写长的影评。看电影让我感觉，至少我还有一件事情可以做，并非漫无目的地虚度时光，它让我的能量从自我身上转移到电影这个客体身上，打开我相对封闭的世界。当时我想，即便我一辈子无所事事、一事无成，我至少还在这个领域有过深入的研究和探索。虽然到目前为止，我也并没有成为影评人或者与电影制作相关的电影人，但是**电影作为一种艺术形式，开阔了我意识的广度，加深了我意识的深度，启发了我更高级的意识。我在和电影的互动过程实现了与自我的互动，从而达到了自我疗愈的目的。**

我最爱的电影都有一个共同的特点，那就是温暖、富有哲思、疗愈，在个人的情绪感受上面，这些电影都让我感动，让我流过泪，虽然并没有像很多励志电影和书籍一样激励我奋勇拼搏，但是**它们带给我很多共情和理解，让我的能量从内心深处慢慢喷泻、涌现，源源不断地往前流动，这股能量让我能够默默地坚持寻找自己的热情所在，并且为着这热情深入探索，无怨无悔，持之以恒。**

《大河恋》超越了《燃情岁月》以及《走出非洲》，跃升为我最爱的十大电影之榜首。

这三部电影都有一个共同的主题，那就是出走和回归，在出走和回归的过程中实现了自我成长。稍微有些不同的是，《燃情岁月》中出走和回归的是两性情感和家庭关系，《走出非洲》中出走和回归的是女性独立、自由平等博爱的精神和人文情怀，而《大河恋》中出走和回归的是从两性情感、家庭关系以及个人独立走向更深入的和大自然的连接以及哲思层面的升华，情感和精神较之前面两部，更为深邃和宏大。

接下来仔细阐述《大河恋》带给我的感动和思考。

首先浮现在脑海里的是广阔的河流，河流总是带给人舒缓的感觉。心理分析大师荣格说，**水是原型母亲的象征，因为水孕育了生命**，而母亲，就是生命的孕育者，所以带给我们舒缓情绪感受的，在潜意识里是母亲，母亲是包容的，是承接的。

当我们遭遇重大压力或者挫折时，很容易就会出现暂时的退行，这个退行通常就会通过“回家”来体现，有时候是回自己的小家，有时候是回父母那个家，有时候是回家乡那个家，有时候是回大自然那个家。当回自己的小家以及父母那个家无法缓解我们的焦虑情绪时，我们就需要一个更大的“家”来承接和包容我们，那就是家乡和大自然。通常这种更为宏大的“家”会带给我们比较好的放松，所以人们热衷于每年一次的春节回家过年，以及越来越流行的旅行和徒步，特别是欣赏自然风光的旅行和徒步。

电影中的哥哥在外读书和工作那么多年，总会时不时地回到自己的家乡，去那条大河边钓鱼，即便曾经一起钓鱼的父亲和弟弟已经去世，后来母亲和爱人也离开了自己，但是只要回到那条陪伴自己成长的大河边，他就会感觉身心平静，就可以安然度日。

即便他已经成为教授，取得了很多世俗层面的成功，拥有了金钱、名誉和地位，但回到大河边，他只是一个步入风烛之年的老人。他明白，自己终有一天也会像父亲、母亲、弟弟以及爱人一样，离开人世间，到那时，这条大河依旧会继续流淌，不会因为他的消失而有所变化，大自然这种亘古不变的执着和静默，让人敬畏，也让人安心。

这条大河承载了他和父亲以及弟弟之间的爱恨情仇，也见证了他们之间的悲欢离合，随着时间的流淌，大河将那些爱恨情仇和悲欢离合慢慢化解，最后沉淀成一种更为深沉和澄澈的感情。不管父亲多么严肃拘谨、不苟言笑，也不管弟弟多么放荡不羁，甚至最后死于非命，大河都包容了，也接纳了。哥哥最后也幻化为那条大河，包容和接纳了父亲和弟弟的一切，包括他们的死亡。因为有着大河的存在，死亡似乎也变得没有那么可怕，在大自然面前，死亡也是渺小的、卑微的。**大河不仅疗愈了痛苦，也**

疗愈了死亡的恐惧。

这部电影最伟大的地方，是将家庭成员之间的情感进行了梳理并升华，让观影人的情感和精神空间也得到梳理，最后慢慢变得开阔和深远，从而达到疗愈的目的。

当然，电影在其他细节方面也有很多值得我们反省的地方，比如心理学上的**界限问题**，弟弟是个赌鬼，热衷于赌博，哥哥曾经试图阻拦和拯救，但是弟弟给予了明确的拒绝，认为“这是我的事情”。父亲和母亲也尊重弟弟的这一恶习，从不询问，也不劝阻，他们不因为弟弟有这个恶习就否定弟弟，反而，父亲很喜欢听弟弟讲每日趣闻，并且肯定弟弟天生就是当记者的料。

结合自己的实际生活，你是不是也懂得尊重别人？你是否有足够的界限感？如果你是父母，你是否也懂得发现孩子的闪光点并给予肯定？

这部电影投射了我对更宏大的情绪情感的载体的需求，而里面的大河满足了我的需求，让我的情绪情感有了更大的容纳和流动空间，也让我从逼仄走向广阔，这让我的情绪大大缓解，从而得到很好的放松。

【心理训练】——电影治疗

选择观察性、记录性、描述性的细腻、温暖、引人思考的片子进行观看，并建立观影记录。

1.看电影前你的心情是怎么样的？

____

____

2.为什么选择这部电影？

____

____

3.观看电影之后的感受如何？

____

____

4.观看电影之后有哪些思考？

____

____

推荐清单

1.《大河恋》

2.《卧虎藏龙》

3.《燃情岁月》

4.《走出非洲》

5.《小森林·夏秋篇》

6.《小森林·冬春篇》

7.《爱德华大夫》

8.《魔女宅急便》

9.《穆赫兰道》

10.《天堂电影院》

11.《海上钢琴师》

12.《钢琴家》

13.《少年派的奇幻漂流》

14.《饮食男女》

15.《断背山》

16.《冰风暴》

17.《弗里达》

18.《女大法官金斯伯格》

19.《法官老爹》

20.《另一个故乡》

21.《飞不起来的童年》

22.《海蒂和爷爷》

23.《西部往事》

24.《愤怒的葡萄》

25.《猎鹿人》

26.《破碎之花》

27.《穿条纹睡衣的男孩》

28.《心灵捕手》

29.《美丽心灵》

30.《锡尔斯玛丽亚》

31.《怪房客》

32.《雾都孤儿》

33.《似是故人来》

34.《闻香识女人》

35.《将来的事》

36.《黑天鹅》

37.《克莱默夫妇》

38.《幸福的面包》

39.《猜·情·寻》

40.《肖申克的救赎》

41.《深夜食堂》

42.《死亡诗社》

43.《放牛班的春天》

44.《搏击俱乐部》

45.《素媛》

46.《当幸福来敲门》

47.《这个杀手不太冷》

48.《她》

49.《三个世界》

50.《英伦四月天》

51.《不朽的园丁》

52.《偷窥狂》

53.《隐藏人物》

54.《城市岛屿》

55.《查理和布莰》

56.《绝美之城》

57.《灿烂人生》

58.《沉睡者》

59.《十月的天空》

60.《迷情十月》

61.《安琪拉的灰烬》

62.《遗愿清单》

63.《沉默的羔羊》

64.《天才捕手》

65.《纯真年代》

66.《忠犬八公的故事》

67.《秋天的故事》

68.《罗马》

69.《婚姻故事》

70.《童年的许诺》

71.《马语者》

72.《年轻气盛》

73.《朱莉与茱莉亚》

74.《美食、祈祷和恋爱》

75.《浓情巧克力》

76.《海街日记》

77.《我的母亲》

78.《狐狸与我》

79.《理智与情感》

80.《暖暖内含光》

81.《裁缝》

82.《爱》

83.《枕边的男人》

84.《海边的曼彻斯特》

85.《父亲与伊藤先生》

86.《比海更深》

87.《香草的天空》

88.《记忆裂痕》

89.《借刀杀人》

90.《送我上青云》

91.《山丘之王》

92.《迷失东京》

93.《谈谈情，跳跳舞》

94.《温馨真情》

95.《范海辛》

96.《心灵驿站》

97.《朝圣之路》

98.《林中漫步》

99.《大卫·戈尔的一生》

100.《鸟人》

101.《普罗旺斯的夏天》

102.《八月迷情》

103.《月光男孩》

104.《费城故事》

105.《春光乍泄》

106.《红气球》

107.《迁徙的鸟》

108.《红辣椒》

109.《飞屋环游记》

110.《寻梦环游记》

111.《乱世佳人》

112.《盗梦空间》

113.《十二怒汉》

114.《阿甘正传》

115.《美丽人生》

116.《驴得水》

117.《魂断蓝桥》

118.《怦然心动》

119.《伯德小姐》

120.《过春天》

121.《另一个波琳家的女孩》

122.《辛德勒的名单》

123.《相助》

124.《霸王别姬》

125.《本能反应》

126.《房间》

127.《碧海蓝天》

128.《完美的世界》

129.《太阳照常升起》

130.《言语的秘密生活》

131.《有你我不怕》

132.《起跑线》

133.《清洁》

134.《朗读者》

135.《两生花》

136.《樱桃的滋味》

137.《合法副本》

138.《缺席的人》

139.《巴顿·芬克》

140.《在云端》

141.《幸福终点站》

142.《诺丁山》

143.《夏洛特的网》

144.《大鱼》

145.《人工智能》

146.《简单的心》

147.《恋爱假期》

148.《少年的你》

149.《玛蒂尔达》

150.《潜水钟与蝴蝶》

151.《革命之路》

152.《情动假日》

153.《白丝带》

154.《罗丝玛丽的婴儿》

155.《寄生虫》

156.《淑女本色》

157.《布达佩斯大饭店》

158.《蓝月亮》

159.《好好先生》

160.《蝴蝶》

161.《危险方法》

162.《大门》

163.《文明》

164.《伴你高飞》

165.《人性》

166.《三只猴子》

167.《大大的世界》

168.《低俗小说》

169.《大地雄心》

170.《云中漫步》

171.《少女小渔》

172.《致命诱惑》

173.《我这样过了一生》

174.《一一》

175.《小气鬼》

176.《告白》

177.《何以为家》

178.《天堂之日》

179.《那般良夜》

180.《壁花少年》

181.《以女儿之名》

182.《侧耳倾听》

183.《成事在人》

184.《黑色闪电》

185.《波西米亚狂想曲》

186.《玫瑰人生》

187.《回归》

188.《听见天堂》

189.《蝴蝶效应》

190.《地久天长》

191.《萤火虫之墓》

192.《午夜巴士》

193.《克里蒂，童话的小屋》

194.《国王的演讲》

195.《新包法利夫人》

196.《朝花夕誓》

197.《看不见的女人》

198.《日落号列车》

199.《布达佩斯之恋》

200.《小花的味噌汤》

201.《绿皮车》

202.《绝恋》

203.《老无所依》

204.《第25小时》

205.《火柴人》

206.《小偷家族》

207.《不一样的天空》

208.《真相至上》

209.《活埋》

210.《海洋之歌》

211.《赎罪》

212.《花样年华》

213.《奇迹男孩》

特别附赠6：阅读疗法以及推荐清单

推荐清单

1.森田正马的《森田疗法》。

重点是讲如何接纳，作者属于高度敏感的神经质体质，大学期间因为父母忘记给自己汇学费而以为父母不爱自己，于是伤心欲绝，决定通过拼命读书来摧毁自己，结果期末考试的时候考了第一，身体也变得好起来。作者由此领悟，对于很多情绪，可以对它不管不顾，继续做自己的事情就好，情绪自然不会干扰自己。

2.阿尔弗雷德·阿德勒的《自卑与超越》。

作者是个体心理学的奠基人，本书成于作者思想最为成熟的时期。自从心理分析大师弗洛伊德以泛性论为基础，主张人类的一切行为均可溯源至“性”以来，便有许多后继的精神分析家纷纷提出不同的意见，对弗氏的泛性论作种种修正。这些新的观念统称为“新心理分析学派”。阿德勒以“自卑情结”为中心思想，创立了个体心理学。他认为人类的行为都是出于自卑感及对自卑感的克服与超越。在该书里，作者以平易轻松的笔调，描写了自卑感的形象、对个人行为的影响，以及个人如何克服自卑感，将其转变为对优越地位的追求，以获取光辉灿烂的成就。

3.阿德勒的《理解人性》。

本书深刻而细致地阐述了个体心理学的基本原理，以期帮助普通大众正确认识并处理他所面临的日常关系——不但包括人与世界的关系、人与同伴的关系，还包括人的生活模式。尤为重要的是，本书对人的性格进行了科学的剖析：首先，指出个体的错误行为如何影响社会和公共生活的和谐；其次，教会个体去识别他自己的错误；最后，指导个体如何融入社会生活。阅读本书，我们便能自觉地掌握和运用关于人性的科学，获得对自己和他人的理解，从而更好地掌握自己的命运。

4.卡伦·霍尼的《我们的内心冲突》。

作者是现代精神分析学家，她提出“内心冲突”是造成现代都市心理问题的最主要原因，这一解释被人们广泛接受。

5.卡伦·霍尼的《我们时代的神经症人格》。

比较常见的神经症包括抑郁症、焦虑症和强迫症，作者对这几类神经症进行了具体详细的阐述，有助于我们深入理解神经症的患病原理以及机制。

6.卡伦·霍尼的《自我分析》。

作者曾经有个病人住在郊区，因为路途遥远，交通不便，也因为咨询费用昂贵，无法进行一周一次的心理咨询，于是双方协商决定将咨询频率变为一个月一次，平时来访者在家进行自我分析，到咨询时两人再对自我分析的内容进行深入的讨论。这个尝试被证明是可行且有效的。

7.马斯洛的《动机与人格》。

作者是人本主义创始人之一，本书提出了许多精彩的理论，其中需要层次理论、自我实现理论、高峰体验理论最为读者所熟悉。

8.欧文·亚隆的《妈妈及生命的意义》。

作者是存在主义心理学流派大师，最早创立了团体咨询，因为团体咨询费用低廉，效果显著，因此非常流行，国内习惯称作“成长小组”。这是一本自传色彩很浓的小说，通过六个故事讲述了母爱、死亡、施与、失去，以及咨访之间的关系。

9.欧文·亚隆的《觉醒与超越》。

深入心理疾病患者不为人知的内心世界，探索生命的意义和解脱之道。

10.弗洛伊德的《刻意回避：日常生活的心理分析》。

作者是古典精神分析鼻祖，书中重点阐述了日常生活中常见的口误、笔误、行为失误等心理学意义。

11.弗洛伊德的《精神分析引论》。

本书是精神分析的奠基之作，重点阐述了强迫症、歇斯底里症和性之间的关系。

12.米哈里·契克森米哈赖的《心流》。

作者是积极心理学的奠基人，本书系统阐述了心流理论，进入心流状态的条件，从日常生活、休闲娱乐、工作、人际关系等方面，阐述如何进入心流状态。